青少年身边的环保丛书

QINGSHAONIAN

SHENBIAN DE HUANBAO CONGSHU

图文并茂   热门主题   创意无限

人类的环保之路

射芾 主编

ARTTIME
时代出版

时代出版传媒股份有限公司
安徽文艺出版社

图书在版编目（ＣＩＰ）数据

人类的环保之路 / 谢蒂主编. — 合肥：安徽文艺
出版社，2012.2（2024.1重印）
　（时代馆书系·青少年身边的环保丛书）
　ISBN 978-7-5396-3932-1

　Ⅰ．①人… Ⅱ．①谢… Ⅲ．①环境保护—青年读物②
环境保护—少年读物 Ⅳ．①X-49

　中国版本图书馆CIP数据核字(2011)第217061号

人类的环保之路
RENLEI DE HUANBAO ZHI LU

出 版 人：朱寒冬
责任编辑：周　康　　　　　　　装帧设计：三棵树　文艺

出版发行：安徽文艺出版社　　www.awpub.com
地　　址：合肥市翡翠路1118号　　邮政编码：230071
营 销 部：(0551)3533889
印　　制：唐山富达印务有限公司　电话：(022)69381830

开本：700×1000　1/16　　印张：10　字数：158千字
版次：2012年2月第1版
印次：2024年1月第3次印刷
定价：48.00元

前　言
PREFACE

　　地球是我们人类赖以生存的家园，它不仅孕育了生命，也为这些生命提供了生存和发展的场所。人类曾长时间徜徉于繁花似锦、温暖如春的美好家园，那时天是蓝的，水是清的，空气是甜的，人类依托这个美好家园，创造了无数美好的事物，使自然界的面貌发生了巨大的变化。但是，人类的某些改造大自然的活动违背了自然规律，给大自然带来了极大的创伤，一系列环境问题随之出现了，大气污染、温室效应、生态系统失衡、水资源污染、土壤酸化等等始料不及的各种环境问题层出不穷，接连不断，人类的生存、生活都遭受到了严重的影响。更为可怕的是，这种状况还在一天天不断地恶化，大自然一次次向人类敲响了警钟，保护环境已经是刻不容缓的紧急事情了。

　　环境保护涉及方方面面，不仅仅是一个地区、一个国家要面对的问题，而是全世界、全人类共同要面对的问题。就当前来看，一是要做到提高防治措施的科技含量；二是要做到出台防治环境污染和保护环境的措施；三是要加快对新能源的研发和利用的脚步；四是要做到与大自然的"和谐相处"，尊重大自然，善待大自然，遵循自然规律办事。另外，还要加强国际间的交流合作，取长补短，联起手来建立集中统一的环境保护防治体制。只有做到这些，环境问题才会得到有效的解决，人类才能与大自然长期共存、共同发展，人类也才能走上可持续发展的道路。同时，大自然也会因人类的和谐活动而更加繁茂，焕发出勃勃生机。

　　环境保护，人人有责。让我们携起手来，为缔造一个无污染的美好家园而献出自己的一份力量。

Contents 目 录

环境污染治理和环境保护并行

新能源的研发和利用

与大自然"和谐"相处

当今人类面对的环境问题

DANGJIN RENLEI MIANDUI DE HUANJING WENTI

　　一直以来，人类依托地球上的自然资源得以繁衍发展，生生不息。然而随着人类社会活动的发展，以及在发展中对地球的改造，一系列的环境问题出现了，并且随着人类活动的加剧，环境问题愈发严重，已经影响到人类未来的发展。为此，人类不得不开始郑重对待环境问题了，拯救地球，拯救人类的活动拉开了序幕。

环境问题的出现与发展

　　地球和大自然造就了人类。人类自从成为地球的主人，便从完全依赖于自然，到着手对大自然这个人类赖以生存和发展的环境进行各种各样的伟大改造，并在实践中创造了光辉、灿烂的文明，人类的出现开始了宇宙的新纪元。

　　人类凭借自由的手、交流的语言和发达的大脑，在地球的生物竞争中掌握了绝对优势，所向无敌。

　　人类对自然改造的每一次"胜利"，总是伴随着对生态环境的破坏。伟大的生物学家朱利安·赫胥黎曾指出："不管愿意不愿意，人类的作用在于引导地球的演变过程，其任务是将这一过程引向进步方向，始终朝着它前进。"人类能否趋利避害完成这项非凡的使命，加倍地爱护我们赖以生存的地球，并不断地改善所处的生态环境，使地球的绿色永远鲜亮艳丽呢？

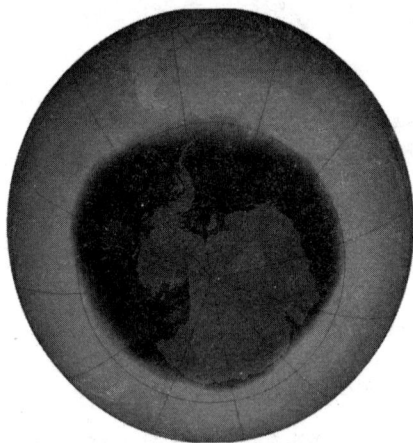

南极臭氧洞

人类对地球索取的速度逐渐加快，而且越来越快，对地球的压力逐渐增大。随着对地球、对大自然的改造，人类的生存环境也出现了一系列的问题。

全球环境问题最早提出于1984年。1985年在南极上空出现"臭氧空洞"，至此构成了第二次世界环境问题的浪潮。

这一阶段环境问题的特点是相继出现"全球性的环境问题"，如全球变暖、臭氧层破坏、酸沉降、海洋污染、土壤沙化、危险废弃物越境转移、植被破坏物种灭绝、资源危机以及人口问题和城市化问题等等。这些问题的共同特点是不仅对某个国家、某个地区造成危害，而且对人类赖以生存的整个地球环境造成危害。

环境问题是自人类出现而产生的，又伴随人类社会的发展而发展，老的问题解决了，新的环境问题又会出现。虽然目前环境问题已经受到广泛重视，但新的环境问题依然层出不穷。人与环境的矛盾是在不断运动、不断变化、永无止境的。这就是人类发展与环境的辩证关系。

环境问题就其性质而言，其一，具有不断发展和不可根除性，它与人的欲望、经济的发展、科技的进步同时产生、同时发展。其二，环境问题的范围广泛而全面，它存在于生产、生活、政治、工业、农业和科技等各个领域。

环境对人类行为具有反作用，它迫使人类在生产方式、生活方式、思维方式等一系列问题上进行改变，使人们不仅认识到环境污染对人体健康的影响，同时更重视生态环境与经济可持续发展的关系。

环境问题的最后一个属性是可控性，即人们可以通过宣传教育提高环境

意识，充分发挥人的智慧和创造力，借助法律的、经济的、技术的手段把环境问题控制在影响最小的范围内。环境问题既然是由于人类活动而产生的，也就可以由人类去阻止它的发生和扩大。

由自然力或人力引起生态平衡破坏，最后直接或间接影响人类的生存和发展的客观存在的问题都是环境问题。我们常说的环境问题，是由人类活动引起的。它又可分为环境污染和生态环境破坏两种情况。

环境污染包括由物质引起的污染和由能量引起的污染。当污染严重时会发生公害事件。公害是严重的环境污染，它能造成大面积的影响，对人体和生物体造成严重危害，短期内会使人群大量发病或死亡。

生态环境破坏则是人类活动直接作用于自然界引起的。例如乱砍滥伐引起的森林植被破坏、过度放牧引起的草原退化、植被破坏引起的水土流失、草原植被破坏引起的土壤荒漠化、生态环境破坏和大量捕杀野生动物危及地球物种多样性等等，都属于生态环境破坏问题。

人类活动对环境的破坏和污染，自古有之，但因其量小面窄，生态系统尚能通过自身内部的调控得以消除，多个世纪以来并没有成为太大的问题。18 世纪的产业革命极大地推动了生产力的发展，同时也使环境遭到巨大的破坏和污染，开始引起人们的注意。

随着燃料动力的变迁、新工业部门的增加、新应用技术的出现，环境的破坏和污染大致可分为 3 个阶段：

第一阶段是从产业革命开始到 20 世纪 20 年代，是公害发生期。产业革命使纺织工业、煤炭、钢铁、化工等重工业迅猛发展，尤其是作为动力的煤炭大规模应用，导致大量煤烟尘和二氧化硫进入大气层，污染空气。同时，采矿业和化工业的发展所产生的污水，严重污染附近江河的水质，特别是制碱法的出现使其排入大气的氯化氢与水汽结合成盐酸，腐蚀衣物、毁坏建筑物，使树木枯黄、庄稼受害；弃置在河岸旁的经过硫化的矿石被逐渐分解，产生硫化氢，恶臭熏人、毒死河鱼。后来，漂白粉、氨碱法等新产品、新工艺的产生，虽然使原来的污染有所减少，但又往往带来新的污染。

第二阶段是从 20 世纪 20～40 年代，是公害发展期。由燃煤造成的污染有所发展，同时增加了石油和石油产品带来的污染。30 年代后，内燃机代替了蒸汽机，各种车辆广泛使用，使石油和天然气的消费急剧增加，其排出的

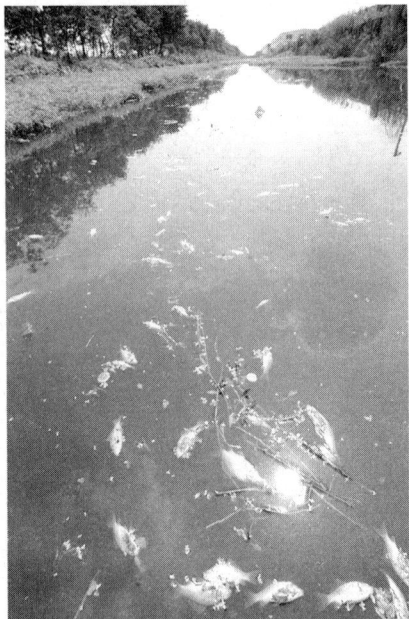

被污染的河

废气在紫外线的作用下生成刺激性气体，形成光化学烟雾，损害农牧业，威胁人类健康。另外，有机化学工业的出现和发展，使有机毒物对环境污染的问题更为突出。尤其是含酚废水对水域的污染，不仅毒害水生生物，而且使人慢性中毒，影响人的身体健康。

第三阶段是从 20 世纪 50 年代到现在，是公害泛滥期。由石油及其制品造成的污染大量增加，同时又出现了新的污染源，如农药、化肥等有机合成物，以及放射性物质等。此阶段，除大气污染严重外，水质污染也非常突出。另外，噪声、垃圾、恶臭等污染源纷纷出现。这一时期污染环境较为严重的是化工、冶金、轻工三大行业，火电厂、钢铁厂、炼油厂、石油化工厂、矿山有色金属冶炼厂和造纸厂六大工厂。此外，城市汽车也是一种重要的污染源。

工业化是地球环境遭到破坏和污染的根源。资产阶级通过工业化，按照自己的愿望创造了一个新世界，但是，为此也付出了高昂的代价。除了贫富差距日益悬殊、社会不平等不断加剧外，人类的生存环境被日益污染和严重破坏。

根本原因是资本家在工业化过程中为追求高额利润而牺牲和推迟了对公共福利事业，包括卫生、教育、城市规划、公共安全、环境改善等方面的投资，最终导致"私人富裕，公共污秽"的局面。资本家为了追求利润，千方百计地降低成本。在一般条件下，原料、

第二次工业革命

机器设备、劳动力费用很难有较大程度下降。因此，他们首要目标是减少其他费用，例如，将不加处理的炼铁炉渣小山似地堆在矿场或高炉旁；让工业废水任意流入江河、工厂废气不断排入天空；对厂内的噪音、高温听之任之等等。后来，由于工人的斗争，资本家不得不逐渐改善厂内工人的劳动条件，但厂外的环境依然如故，无人关照。不少经济学家甚至认为，地球具有净化能力，是"无偿清洁夫"，没有必要考虑生产的"外部经济性"。这就是环境问题长期被忽视的重要原因。

资本主义工业化还加速了城市化的进程。人类的大部分工作不再在耕地上进行，而是在建筑物密布的区域内完成。这有利于减少水、电、交通运输等的费用支出，有利于劳动力、原料、产品等的交易，以降低成本，增加利润，提高经济效益。然而随着城市化的加快，人口迅速集中，废物及排泄物的祸患也就成倍地增加。城市中非常拥挤的"棚户区"或"贫民窟"，环境更为恶化；而富人的浪费、挥霍，尤其是汽车的大量增加，使城市的空气混浊不堪。在这样的环境中，疾病流行，人口过早死亡。凡是能够避开工业城市市区内污秽、疾病及噪音的中产阶级、大资产阶级，都设法迁居郊外的绿化园林和别墅。后来，由于火车能通到更远的郊区，居民从大城市市中心迁到远郊区，形成了"卫星城"。他们原想逃避污染，实际上使城市的污染不断扩大。

资本主义工业化的重要特点是以机器生产代替手工劳动。这一方面产生了规模经济效益，另一方面却导致资本家对自然资源的狂采滥伐。工业化造成的"羊吃人"故事广为流传，但工业化造成的污染事件未必人人都知道。尤其是当西欧殖民者用大炮轰开东方落后国家时，对自然资源的掠夺更是肆无忌惮。他们霸占土地，开矿山、建工厂、修铁路，甚至烧林毁地，强迫当地居民放弃粮食作物、种植经济作物，使殖民地成为帝国主义原料供应地。因此，自人类成为地球的主人、开始改造自然起，地球的环境就受到冲击。但是，地球有其自身的调节力量，使其恢复生态的原来平衡。即使自然的和人为的巨大冲击力，导致生态平衡严重破坏，甚至造成某些古代文明的覆灭，但毕竟还是局部地区的。自资本主义世界市场形成、帝国主义向全球进军后，资本主义工业化对环境的影响不再是局部的，而是全球性质的，环境污染越来越全球化了。

值得指出的是，作为工业化核心的科技革命呈现加速发展的趋势。这不仅表现在科技知识加速更新，科技成果迅速增加，而且表现在从科学发现到技术上实现的时间在缩短，新技术、新产品老化的速度加快。

据统计，从发明到应用所花的时间，蒸汽车 100 年，电动机 57 年，电话 56 年，无线电 35 年，真空管 33 年，汽车 27 年，飞机 14 年，电视机 12 年，原子弹 6 年，晶体管 5 年，集成电路 3 年，激光器 1 年；新技术、新产品的老化周期，20 世纪初为 40 年，70 年代约为 8~9 年，80 年代更短。每一项新发明、新技术、新产品的出现虽然推动了生产力的发展，但也会带来新的环境污染和破坏。这与古代由于科学发展造成的环境影响相比，无论是规模，还是速度，都要严重得多。古代一项科学技术对环境的影响可能需要几百上千年，但是，现代可能只需几年。因此，科学技术发展加快的趋势，使大自然自我调节、自我净化的能力难以适应迅速发展的客观变化，而且人类也难以采取新的措施根除日新月异的污染源。这可能就是地球环境被加剧污染、生态平衡被严重破坏的重要原因。

正如恩格斯在《反杜林论》中指出的："蒸汽机的第一需要和大工业中差不多一切生产部门的主要需要，都是比较纯洁的水。但是工厂城市把一切水变成臭气冲天的污水。因此，虽然向城市集中是资本主义生产的基本条件，但是每个工业资本家又总是力图离开资本主义生产所必然造成的大城市，而迁移到农村地区去经营。资本主义大工业不断地从城市迁往农村，因而不断造成新的大城市。"

知识点

酸沉降

酸沉降是指大气中的酸性物质以降水的形式或者在气流作用下迁移到地面的过程。酸沉降包括"湿沉降"和"干沉降"两类。"湿沉降"通常指 pH 值低于 5.6 的降水，包括雨、雪、雾、冰雹等各种降水形式，最常见的就是酸雨。"干沉降"是指大气中的酸性物质在气流的作用下直接迁移到地面的过程。由于人类遭遇到的酸雨情况比较多，对酸雨的研究也较深入，因此，通常情况下，酸沉降指的就是酸雨。

大气污染带来的危害

空气是人类和生物一刻也不能缺少的物质条件。一个人可以几周不进食，几天不喝水，但却不能几分钟不呼吸空气。可见空气对维持生命是非常重要的，而清新的空气则是健康的保证。

大自然有很强的自净能力。自然灾害如火山爆发、海啸、森林火灾、地震等，虽使大气受到污染，但通常经过一段时间，依靠自然的自净能力，一般能够逐渐消除，使空气成分恢复到洁净状态。

我们所说的大气污染，是指由人类的生产和生活活动所造成的。人类向大气排放的污染物或由它转化成的二次污染物的浓度达到了有害程度的现象称为大气污染。在此情况下，空气质量降低或恶化，人们的正常生活、工作、身体健康将受到严重影响。

大气污染危害严重。大气污染可能形成酸雨、造成温室效应、破坏臭氧层。

酸 雨

酸雨是 pH 值小于 5.6 的雨雪或其他形式的大气降水，是大气受污染的一种表现。最普遍的是酸性降雨，所以习惯上统称为"酸雨"。

酸雨使土壤、河流、湖泊酸化，鱼类繁殖生长受到严重影响。流域土壤和水体底泥中的金属可被溶解进入水中，毒害鱼类。水体酸化还会导致水生生物的组成结构发生变化，耐酸藻类、真菌增多，而有根植物、细菌和无脊椎动物减少，有机物的分解率降低。酸雨抑制土壤中有机物的分解和氮的

四川乐山大佛遭酸雨侵蚀

固定，淋洗与土壤粒子结合的钙、镁、钾等营养元素，使土壤贫瘠化。酸雨伤害植物的新生芽叶，影响其发育生长，造成农作物减产。酸雨腐蚀建筑材料、金属结构、油漆，古建筑、雕塑像也会受到损坏。作为水源的湖泊和地下水被酸化后，由于金属溶出，对饮用者的健康会产生有害的影响。

温室效应

近年来关于全球性气候反常的报道频繁，众说纷纭。在可能引起气候变化的各种污染物中，最值得注意的是二氧化碳和粉尘。大气中二氧化碳含量增加，使地球的气温升高，人们把这一现象称为"温室效应"。在过去的100年里，地球平均气温升高 $0.3℃ \sim 0.6℃$，海平面上升 $10 \sim 20$ 厘米。据预测，大气中二氧化碳浓度每年大约上升 0.4%，其他温室气体，如甲烷浓度每年大约上升 1%，二氧化氮上升 0.29%，与其相应的是，全球升温速率为 $0.003℃/m^2$。如果温室气体浓度继续增加，到2025年，全球年均升温将达到 $1℃$ 而全球海平面将升高20厘米。

为什么大气中二氧化碳等温室气体含量增加会使气温升高呢？一般认为自太阳辐射中的紫外线被平流层的臭氧吸收；大气中的水蒸气和二氧化碳等温室气体吸收其中的红外光，达到地球表面的可见光中的 1/3 被地球表面反射到空间，2/3 被地表吸收；当地面冷却时，所吸收的光能又以长波的热辐射、红外辐射形式再辐射到空间。这种以红外辐射的长波能量又被二氧化碳和水蒸气所吸收。

北极冰川2040年可能完全融化

大气中水蒸气的含量基本是恒定的，二氧化碳和其他温室气体的含量都在逐年增加，其中二氧化碳的排放量很大，在吸收红外辐射能量方面起主导作用。可见光几乎全部透过二氧化碳，但它能强烈地吸收红外光。这样地球表面大气层中的二氧化碳就起到如同温室玻璃的作用，阳光可以射到温

室里来，但热量却散发不出去。这种作用使地表低层大气的气温升高，这就是产生温室效应的原因。

温室效应可引起全球性气候变化，如高温、干旱、洪涝、疾病、暴风雨和热带风加剧，土壤水分变化，农牧、湿地、森林及其他生态系统变化等一系列的严重后果。

二氧化碳含量增加引起了温室效应，那么如何降低二氧化碳浓度就成了人类所关注的问题了。

臭氧层的破坏

在离地面 25～30 千米的平流层中，有一个臭氧浓度很大的区域，称为臭氧层。

臭氧对太阳的紫外辐射有很强的吸收作用，有效地阻挡了对地表生物有伤害作用的短波紫外线，尤其是能够有效吸收波长为 200～300 纳米的紫外线。该波长的紫外线，能够造成人和生物细胞破坏和死亡，或使生命的遗传基因发生变异，严重地危及人和其他生物的生存。臭氧层保护了地球生物免遭伤害，使地球生物正常生存和世代繁衍。因此实际上可以说，直到臭氧层形成之后，生命才有可能在地球上生存、延续和发展，臭氧层是保护地球生命的天然屏障，是地表生物的"保护伞"。臭氧对地球生命具有如此特殊重要的意义，但其在大气中只是极其微小和脆弱的一层气体。人类的活动使大气中某些化合物含量增加，逐渐消耗和破坏臭氧层。

测量表明，在过去 10～15 年间，每到春天南极上空的平流层臭氧都会发生急剧的大规模的耗损，极地上空臭氧层的中心地带，近 95% 的臭氧被破坏。从地面向上观测，高空的臭氧层已极其稀薄，与周围相比像是形成了一个"洞"，直径上千千米，"臭氧洞"就是因此而得名的。卫星观测表明，臭

南极上空的臭氧层出现空洞

氧洞的覆盖面积有时甚至比美国的国土面积还要大。

科学家估计臭氧浓度每减少1%，会使地面增加2%的紫外辐射量，皮肤癌的发病率增加2%～5%，同时给地球生物带来灾难。在南极上空，臭氧量急剧下降，1984年已减少约50%，形成臭氧空洞，到1991年此空洞已扩展到整个南极上空。北极上空的臭氧空洞面积也有南极地区的1/5大。

科学家预测，人类如果不采取措施保护大气臭氧层，到2075年由于紫外线的危害，全世界将会有1.54亿人患皮肤癌，其中300多万人死亡，将有1800万人患白内障，代作物将减产7.5%，水产品将减产2.5%，材料损失将达47亿美元，光化学烟雾的发生率将增加30%，这将危及人类的生存和发展。臭氧层的重要性已引起了国际社会的普遍关注。

综上所述，酸雨、全球性气温升高和臭氧层的破坏是威胁人类生存的全球性三大污染问题。人类要可持续发展，解决这些问题迫在眉睫。

知识点

臭氧的产生

臭氧是氧的同素异形体，在常温下，它是一种有特殊臭味的蓝色气体，是由于大气中氧分子受太阳辐射分解成氧原子后，氧原子又与周围的氧分子结合而形成的，含有3个氧原子。大气中90%以上的臭氧存在于大气层的上部或平流层，此外，还有少部分的臭氧分子徘徊在近地面，仍能对阻挡紫外线有一定作用，这少部分臭氧分子来源于人类活动，汽车排放的氮氧化物、化工燃料燃烧的产物等是这些臭氧的主要来源。

水资源短缺和水体污染

水是人类环境的主要组成部分，更是生命的基本要素。水是极其宝贵的自然资源和最重要的环境因素，是人类生活、动植物生长和工农业生产所必需的物资。水与生命关系密切，可以说没有水就没有生命。

水是构成机体组织的重要成分，正常人体内水分约占体重的2/3。人体内

生理、生化活动所需的各种营养素，特别是无机盐类，大多可随摄入的水进入机体。水是良好的溶剂，大部分无机物质及某些有机物质能溶解于水。水是某些物质扩散的介质，也是酶活动的基液。血液中的水执行着机体内物质运转功能。细胞内的各种代谢过程都要在水溶液内进行。

人体每天维持正常生理活动、生化代谢所需水量大约为 2~3 升；一个人要维持生活，每天至少要消耗 40~50 升水。工农业生产还要大量消耗水。因此水是极其宝贵的自然资源。

地球上总共约有 13.6×10^8 立方千米的水，其中海水占 97.3%，冰帽和冰川占 2.1%，地面水（包括江、河、湖泊）约占 0.02%，地下水占 0.6%，大气中的水蒸气还不到 0.01%。人类各种用水基本上都是淡水。地球上可供人类使用的淡水，全部地面和地下淡水量的总和，只占总水量的 0.63%。因此，只有合理地利用水资源，防止水污染，人类才能生存下去，可持续发展才可能实现。

当地球没有了水

多个世纪以来，人们普遍认为水资源是大自然赋予人类的，取之不尽、用之不竭，因此不加爱惜，恣意浪费。但近年来，水资源的短缺和污染越来越严重。

水的短缺不仅制约着经济的发展，影响着人民赖以生存的粮食的产量，还直接损害着人们的身体健康。更值得提出的是，为争夺水资源，在一些地区还常会引发国际冲突，同一条河流的上游、下游国家常可能因为水量或水质而发生争执。

非洲是地球上另一个严重缺水的地区。在世界上缺水的 26 个国家中，有 11 个都位于非洲。近 30 年来，非洲的人口增长率为 3%，而粮食增长率却只有 2%，水资源的匮乏是粮食生产不能满足要求的主要原因之一。2000 年，非洲北部的 5 个地中海国家，即阿尔及利亚、埃及、利比亚、摩洛哥和突尼斯，也和撒哈拉沙漠以南的国家一样，面临缺水问题。

水污染

因此，人们认为21世纪的战争将有可能因争夺水资源而引起。水资源问题如果得不到持久的解决，世界上许多地区和平都将会受到影响。仅1997年这一年，非洲、中东、拉美等地就有70多起事件是由水资源短缺导致的，有人预测到2025年，世界上将有30亿人缺水喝，到那时水比石油的价格还要贵。同时，由于环境污染日趋严重，水质的日益恶化，全球性的水污染对所有生命都造成了极大的危害。

人体在新陈代谢的过程中，随着饮水和吃食，把水中的各种元素通过消化道进入人体的各个部分。当水中缺乏某些或某种人体生命过程所必需的元素时，人体健康都会受到影响。例如，医学上的"地方性甲状腺肿"，也就是我们通常称的"大脖子病"，就是由于长期饮用的水中缺碘造成的。

当水中含有有害物质时，对人体造成的危害更大。水体受各种有毒物质污染后，通过饮水和食物链造成中毒。铬、镍、铍、砷、苯胺、苯并芘、多芳烃等化学物质有致癌或诱发癌症的作用。致癌物质可以通过受污染的食物（粮食、蔬菜和鱼肉等）进入人体，还可以通过受污染的饮用水进入人体。据调查，饮用受污染水的人，肝癌和胃癌等癌症的发病率要比饮用清洁水的高出60%左右。

当污水中含有的汞、镉等重金属元素排入河流和湖泊时，水生植物就把汞、镉等元素吸收和富集起来，鱼吃水生植物后，汞、镉等元素就在其体内进一步富集。人吃了中毒的鱼后，汞、镉等元素在人体内富集，最终使人患病而死亡。

知识点

水资源的概念

这里的水资源指的是地球上的水资源，从广义来说是指水圈内水量的总体，包括经人类控制并直接可供灌溉、发电、给水、航运、养殖等用途的地表水和地下水，以及江河、湖泊、井、泉、潮汐等水域水体。狭义上的水资源是指在一定技术条件下，人类可以直接利用的淡水，即与人类生产生活及社会进步息息相关的淡水资源。

固体废物带来的浪费与危害

固体废物是指在社会的生产、流通、消费等一系列活动中产生的，在一定时间和地点无法利用而被丢弃的污染环境的固体、半固体废弃物质。伴随工业化和城市化进程的加快，经济不断增长，生产规模不断扩大，以及人们需求不断提高，固体废物产生量也在与日俱增，资源的消耗和浪费越来越严重。

固体废物的露天堆放和填埋处置，需占用大量宝贵土地。固体废物产生越多，累积的堆积量越大，填埋处置的比例越高，所需的面积也越大，如此一来，势必使可耕地面积短缺的矛盾加剧。下面以我国为例进行说明。

固体废物堆积如山

我国工业固体废物累计堆放量侵占土地已由 1991 年的 30000 公顷增加到 1995 年的 56000 公顷，其中有近 4000 公顷耕地，这对人均耕地少的我国，不能不说是一种令人担忧的行为。我国许多城市利用四郊设置的垃圾堆放场，也侵占了大量农田。据 1985 年航空遥感技术调查，广州市近郊地面堆放的各类固体废物占地 165.8 公顷，其中仅垃圾堆就有 69.04 公顷。这种垃圾任意侵占农田的现象，在我国相当普遍。

固体废物不是环境介质，但往往以多种污染成分存在的终态而长期存在于环境中。在一定条件下，固体废物会发生化学的、物理的或生物的转化，对周围环境造成一定的影响。如果处理、处置不当，污染成分就会通过水、气、土壤、食物链等途径污染环境，危害人体健康。

一些有机固体废物，在适宜的湿度和温度下被微生物分解，还能释放出有害气体、产生毒气或恶臭，造成地区性空气污染。废物填埋场中逸出的沼气，它在一定的程度上会消耗其上层空间的氧，从而使种植物衰败。

直接将固体废物倾倒于河流、湖泊或海洋，会缩减江河湖面有效面积，同时将使水质直接受到污染，严重危害水生生物的生存条件，并影响水资源的充分利用。

此外，在陆地堆积或简单填埋的固体废物，经过雨水的浸渍和废物本身的分解，将会产生含有害化学物质的渗滤液，对附近地区的地表及地下水系造成污染。例如，城市垃圾不但含有病原微生物，在堆放过程中还会产生大量的酸性和碱性有机污染物，并会将垃圾中的重金属溶解出来，是有机物、重金属和病原微生物三位一体的污染源。

大部分化学工业固体废物属有害废物，这些废物中有害有毒物质浓度高，如果得不到有效处理处置，会对人体和环境造成很大影响。根据物质的化学特性，当某些物质相混时，可能发生不良反应，包括热反应（燃烧或爆炸）、产生有毒气体（砷化氢、氰化氢、氯气等）和可燃性气体（氢气、乙炔等）。若人体皮肤与废强酸或废强碱接触，将产生烧灼性腐蚀；若被误吸入体内，能引起急性中毒，出现呕吐、头晕等症状。

知识点

环境介质

环境介质指的是自然环境中各个独立组成部分中所具有的物质。如大气、水体、土壤和岩石、生物体中所具有各自特性的气体、水、固体颗粒、肌肉和体液等不同介质，它们之间常发生相互作用或关联。环境中不同介质间物

理、化学和生物的作用是环境化学的物质迁移分布、形态变化、污染效应、最终归宿的重要环节。

生态环境破坏所带来的灾难

生态环境破坏打破了生态原有的平衡，随着植被的破坏、水土的流失、生物多样性的锐减，空气质量越来越差，气候变化越来越难以预测，人类的生存也开始失衡。

植被破坏

植被是全球或某一地区内所有植物群落的泛称。植被是生态系统的基础，为动物或微生物提供了特殊的栖息环境，为人类提供食物和多种有用物质材料。植被还是气候和无机环境条件的调节者、无机和有机营养的调节和储存者、空气和水源的净化者。植被在人类环境中起着极其重要的作用，它既是重要的环境要素，又是重要的自然资源。

植被破坏是生态破坏的最典型特征之一。植被的破坏不仅极大地影响了该地区的自然景观，而且由此带来了一系列的严重后果，如生态系统恶化、环境质量下降，水土流失、土地沙化以及自然灾害加剧，进而可能引起土壤荒漠化；土壤的荒漠化又加

植被破坏

剧了水土流失，以致形成生态环境的恶性循环。由此可见，植被破坏是导致水土流失并最终形成土壤荒漠化的重要根源。目前，全球大面积的荒漠化已严重影响了人类的生存环境。

森林曾经覆盖世界陆地面积的45%，总面积为 60×10^8 公顷。有人认为，

森林是陆地生态系统的中心，在涵养水源、保持水土、调节气候、繁衍物种、动物栖息等方面起着不可替代的作用。它还为人类提供丰富的林木资源，支持着以林产品为基础的庞大的工业部门。若非森林的荫庇，人类的祖先不知何以栖身。

虽然历史上地球的森林广阔，但到 19 世纪初全球森林面积已减少到 55×10^8 公顷，到 1985 年，全世界的森林面积为 41.47×10^8 公顷。据统计，全球每年平均损失森林面积达 $(1800 \sim 2000) \times 10^4$ 公顷。目前，森林面积已经缩小了 1/3，世界林地约占陆地面积的 1/3，共 40×10^8 公顷。其中 2/3 为密林，1/3 为由阔叶树与草地组成的疏林。

受伤的古木

造成森林破坏的原因，主要是由于人们只把森林看做是生产木材和薪柴的场所，对森林在生态环境中的重要作用缺乏认识，长期过量地采伐，使消耗量大于生长量。其次是现代农业的有计划垦殖使部分森林永久性地变成农田和牧场。由于森林的破坏，导致了某些地区气候变化、降雨量减少以及自然灾害（如旱灾、鼠虫害等）。

水土流失

随着森林的砍伐和草原的退化，土地沙漠化和土壤侵蚀将日趋严重。据联合国粮农组织的估计，全世界 30% ~80% 的灌溉土地不同程度地受到盐碱化和水涝灾害的危害，由于侵蚀而流失的土壤每年高达 240×10^8 吨。有学者认为，在自然力的作用下，形成 1 厘米厚的土壤需要 100 ~400 年的时间，因而土壤侵蚀是一场无声无息的生态灾难。

我国是世界上水土流失最严重的国家之一。

水土流失以黄土高原地区最为严重，该区总面积约 54×10^4 平方千米，水土流失面积已达 45×10^4 平方千米，其中严重流失面积约 28×10^4 平方千米，每年通过黄河三门峡向下游输送的泥沙量达 16×10^8 吨。其次是南方亚热带和热带山地丘陵地区。此外，华北、东北等地水土流

水土流失的黄土高原

失也相当严重。例如，京、津、冀、鲁、豫五省份水土流失面积约占该地区土地面积的 50%。

植被破坏严重和水土流失加剧，也是导致 1998 年长江流域特大洪灾的主要原因。1957 年长江流域森林覆盖率为 22%，水土流失面积为 36.38×10^4 平方千米，占流域总面积的 20.2%。1986 年森林覆盖率仅剩 10%，水土流失面积猛增到 73.94×10^4 平方千米，占流域面积的 41%。严重的水土流失，使长江流域的各种水库年淤积损失库容 12×10^8 立方米。长江干流河道的不断淤积，造成了荆江河段的"悬河"，汛期洪水水位高出两岸数米到数十米。由于大量泥沙淤积和围湖造田，使 30 年间长江中下游的湖泊面积减少了 45.5%，蓄水能力大为减弱。

水土流失还造成不少地区土地严重退化，如全国每年表土流失量相当于全国耕地每年剥去 1 厘米的肥土层，损失的氮、磷、钾养分相当于 4000×10^4 吨化肥。同时，在水土流失地区，地面被切割得支离破碎、沟壑纵横；一些南方亚热带山地土壤有机质丧失殆尽，基岩裸露，形成石质荒

水土流失导致沙尘暴肆虐

漠化土地。流失土壤还造成水库、湖泊和河道淤积，黄河下游河床平均每年抬高达 10 厘米。水土流失给土地资源和农业生产带来极大破坏，严重地影响了农业经济的发展。

荒漠化

荒漠化作为一个生态环境问题开始引起重视，源于 20 世纪 60 年代末 70 年代初发生在非洲撒哈拉地带的连续干旱和随之而来的饥荒。随着人类对自然环境的影响日益加剧，荒漠化问题也越来越突出。

据联合国环境署 1992 年的现状调查推断，全球 2/3 的国家和地区、世界陆地面积的 1/3 正受到荒漠化的危害，约 1/5 的世界人口受到直接影响，每年约有（5000 ~ 7000）×10^4 平方千米的耕地被沙化，其中有 2100 × 10^4 平方千米完全丧失生产能力，经济损失高达 423 亿美元。荒漠化受害面涉及世界各大陆，最为严重的是非洲大陆，其次是亚洲。由于荒漠化的影响，全球每年大约丧失（4.5 ~ 5.8）×10^4 平方千米的放牧地、（3.5 ~ 4.0）×10^4 平方千米的雨养农地以及（1.0 ~ 1.3）×10^4 平方千米的灌溉土地。

联合国曾对荒漠化地区 45 个点进行了调查，结果表明：由于自然变化（如气候变干）引起的荒漠化占 13%，其余 87% 均为人为因素所致。中国科学院对现代沙漠化过程的成因类型做过详细的调查，结果表明：在我国北方地区现代荒漠化土地中，94.5% 为人为因素所致，荒漠化的原因主要是由于人口的激增及自然资源利用不当而带来的过度放牧、滥垦乱樵、不合理的耕作及粗放管理、水资源的不合理利用等。这些人为活动破坏了生态系统的平衡，从而导致了土地荒漠化。

撒哈拉沙漠

由上可知，荒漠化的危害是多方面的。无论是出现

的频度还是广度以及所造成的经济损失，荒漠化都不亚于地震、洪水、泥石流等。

生物多样性锐减

由于人类过度地猎杀、捕获以及对栖息地的破坏，导致了许多物种的灭绝和资源丧失，从而导致了生物多样性的锐减。

在近几个世纪，由于工业技术的广泛应用，人类对自然开发规模和强度增加，人为物种灭绝的速率和受灭绝威胁的物种数量大大增加。已知在过去的 4 个世纪中，人类活动已经引起全球 700 多个物种的灭绝，其中包括大约 100 种哺乳动物和 160 种鸟类。其中 1/3 是 19 世纪前消失的，1/3 是19 世纪灭绝的，另 1/3 是近 50 年来灭绝的。

加利福尼亚神鹰

由在美国南部加利福尼亚州发现的化石研究表明，在北美被殖民化后的不长一段时间里，发生了包含 57 种大型哺乳动物和几种大型鸟类的灭绝，其中包括 10 种野马、4 种骆驼家族里的骆驼、2 种野牛、1 种原生奶牛、4 种象，以及羚羊、大型的地面树懒、美洲虎、美洲狮和体重可达 25 千克重的以腐肉为食的猛禽等。如今，这些大型动物尚存的唯一代表是严重濒危的加利福尼亚神鹰。

再如，大约 1000 年前，在波利尼西亚人统治新西兰的 200 年间，新西兰出现物种灭绝浪潮。30 种大型的鸟类灭绝，包括 3 米高、250 千克重的大恐鸟，不会飞的鹅，不会飞的大鹈鹕和一种鹰；同时还有一些大个体的蜥蜴和青蛙、毛海豹等。

渡渡鸟的灭绝也是一个很有名的例子。渡渡鸟原产于印度洋马达加斯加东部的毛里求斯岛上。1507 年葡萄牙人发现这个小岛，1598 年又被荷兰人所

渡渡鸟

统治。当人类入侵到这个遥远的孤岛时，殖民者把捕猎渡渡鸟当做一种游戏，采集它们的蛋。殖民者为了开垦农场，先火烧渡渡鸟的栖息地，然后放出野猫、野猪和猴子等动物捕食渡渡鸟，结果造成渡渡鸟数量的迅速减少。1681 年，渡渡鸟灭绝，甚至连一具完整的骨骼都没留下。牛津大学保存的唯一的一个标本也在 1755 年火灾中焚毁，灰烬中只保留头和脚。

中国国家重点保护野生动物名录中受保护的濒危野生动物已经有 400多种，植物红皮书中记述的濒危植物高达 1019 种。实际上还有许多保护名录之外的生物物种很可能在未被人们认识之前就已经灭绝了。

知识点

生态环境

首先解释一下生态，生态是指生物（原核生物、原生生物、动物、真菌、植物五大类）之间和生物与周围环境之间的相互联系、相互作用。而生态环境是"由生态关系组成的环境"的简称，是指与人类密切相关的，影响人类生产生活的各种自然力量或作用的总和。通常是水资源、土地资源、生物资源以及气候资源数量与质量的总称。

可持续发展战略的形成与其体系的建立

KECHIXU FAZHAN ZHANLUE DE XINGCHENG YU QI TIXI DE JIANLI

　　一系列危及人类发展的环境问题出现后，有识之士开始了发展与环境关系的思考，在对一系列日益严重的环境问题进行追根溯源的深刻探讨之后，可持续发展的理念终于形成。1968 年，来自世界各国的几十位科学家、教育家和经济学家齐聚罗马，成立了一个非正式的国际协会——罗马俱乐部。他们发表了一份研究报告——《增长的极限》，就是在这份报告里，可持续发展的概念被正式提了出来。环境问题关乎全人类的发展，在这一共同主题下，世界各国联起手来，群策群力，为可持续发展贡献力量。

人类的觉醒和可持续发展理念的形成

　　1992 年，联合国环境与发展大会在巴西里约热内卢召开。这次会议是一次史无前例的盛会，共有 179 个国家的首脑或高级官员参会，会上通过了《21 世纪议程》这一指导人类未来行为的全球性纲领。这一纲领使全世界的注意力都集中在当今地球所面临的最严重问题上，让各国共同面对环境与发展问题。

人类对客观世界的认识总是有一个过程的，这一过程随着社会的发展、自然的变化在实践中逐步深入。人们对环境与发展的认识能达到今天这样一个高度就经历了漫长的岁月。最初人类只是单纯地适应环境，向自然索取，逐渐发展到利用自然、改造自然、征服自然，甚至幻想主宰自然，直到受到大自然的报复之后才开始有所觉醒。第二次世界大战以后，西方发达国家的工业飞速发展，直到 20 世纪 60～70 年代发展达到高潮，但此时越来越多的公害出现之后，人们才认识到全球环境问题对人类生存和发展已构成了现实的威胁，并引起人们对前途和命运的普遍担忧与思考。

1968 年 4 月在意大利，数十个西方国家的三十几位专家开会讨论人类环境问题。这是首次关于全球性环境危机的重要国际性会议。会上，就当代社会人口、粮食、资源、能源和环境等问题进行了跨学科的综合研究。由麻省理工学院的教授丹尼斯·米都斯发表的《增长的极限》的报告，引起了对人类未来前途的辩论。他通过采用系统动力学的原理和方法研究表明，若世界人口、粮食、工业化、非再生资源、环境污染等五大问题都按照一定的指数增长或减少的话，由于人口的骤增将导致粮食的大量需求；工业生产的飞速发展，将消耗大量资源，并造成大量环境污染；在今后的几十年直至 21 世纪的某一时候，这一严重程度将达到极限，从而导致全球性危机——不可再生资源枯竭、可耕地面积锐减、生产衰落、人均食品和工业品大幅度下降、环境污染加重、人口死亡率将急剧增加……

如何改变这种严重的趋势呢？以丹尼斯·米都斯为代表的一派认为："全新的态度是需要使社会改变方向，向均衡的目标前进，而不是增长"，"人类与自然之间日益扩大的鸿沟是社会进步的后果"，"我们不能企望单靠技术上的解决办法使我们摆脱这种恶循环"。其意旨在于，只有停止地球上人口增加和经济发展才能维护全球平衡。实际上，《增长的极限》报告的实质是主张"零的起点"。另一派是以美国赫德森学院"美国未来"研究所所长 H. 康恩为代表，他们认为 2000 年以后到 2175 年世界人口将达到 150 亿人，世界总产值却可达到 300 万亿美元，人均 2 万美元，可以说比较富裕了。而且无论能源、资源、粮食等在今后 200 年对于 150 亿人口的地球人生活，可以说是绰绰有余的。苏联学者 E. K. 费多罗夫院士也对增长极限的论点持不同看法，他

认为生物圈的资源对人类的发展是足够的，地球能负担得起约 10 倍于目前人口的生存。以上是对人类生存环境问题存在的具有代表性的悲观派与乐观派的辩论。尽管双方所持观点不同，研究得出的结论各异，但是，他们共同的一点是都看到了环境问题对人类的危害，更重要的意义是由于他们争论唤起了全世界对未来前途的关注，也可以说是为 1972 年的斯德哥尔摩大会打下了基础。

1972 年，113 个国家的代表云集瑞典斯德哥尔摩，召开了联合国人类环境大会，发表了《人类环境宣言》，确定每年 6 月 5 日为"世界环境日"。这是首次讨论和解决环境问题的全球性会议。此次会议之际世界正处于冷战时期，东、西两大阵营战火频仍，所以使这样的科技大会也被涂上了浓重的政治色彩。会议上，发展中国家强调美、苏两国在发展工业时给环境造成了巨大污染。

中国代表团团长唐克在发言中指出："世界上越来越多的地区人类环境受到污染和破坏，有的甚至形成了严重的社会问题……向公害作斗争已成为保证人类健康发展的一个迫切任务。我们认为前某些地区的公害之所以日益严重、成为突出的问题，主要是由于资本主义超级大国疯狂推行掠夺政策、侵略政策和战争政策造成的……"，中国主张在发展工业的同时要防治污染加强环境保护，反对资本主义国家先污染后治理的做法。但是当时也偏颇地认为环境污染是资本主义发展的必然趋势，而社会主义在这方面有无比的优越性。中国代表团的发言在会上引起了强烈的反响，特别是得到第三世界国家的支持。由于当时发展中国家经济比较落后，环境问题并不突出，所以在 1972 年人类发展大会上只是强调发达国家造成的污染而并未把环境与人类经济和社会发展联系起来，因此各国在解决环境问题上未能达成共识。尽管如此，斯德哥尔摩会议仍昭示着人类环境意识的觉醒，为研究和解决全球环境问题带来了新的曙光。

此后的 20 年中，联合国为世界环境保护问题做了大量的工作：1982 年肯尼亚大会，1983 年联合国成立世界环境与发展委员会。1987 年发表《我们共同的未来》的长篇报告中提出："全球经济发展要符合人类的需要和合理的欲望，但增长又要附和地球的生态极限。"它还热烈地呼唤"环境与经济发展的新时代"的到来，并且指出"人类有能力实现持续发展——确保在满足当代需要的同时不损害后代满足他们自身需要的能力"。这是人类通过对人口、资源、环境与发展关系的深刻认识之后，首次在文件中正式使用"可持续发展"的概念。

1989 年，联合国开始筹划召开一次环境与发展会议，讨论如何实现可持续发展。经过两年时间，来自世界各地的专家进行了卓有成效的工作，拟定了一系列协定，为通向里约热内卢大会铺平了道路。

➤➤➤ 知识点

公　害

"公害"一词最早出现于日本。日本的《公害对策基本法》将公害定义为：由于事业活动和人类其他活动产生的相当范围内的大气污染、水质污染（包括水的状态以及江河湖海及其他水域的底质情况的恶化）、土壤污染、噪声、振动、地面沉降（采掘矿物所造成的下陷除外）以及恶臭，对人体健康和生活环境带来的损害。后来，妨碍日照、通风等，也被法律规定为公害。我国将公害定义为凡由于人类活动造成的污染和环境破坏，引发的对公众的健康、安全、生命、公私财产及生活舒适性等的危害。

■■■ "可持续发展" 的内容及意义

1992 年，巴西里约热内卢环境与发展大会通过了《21 世纪议程》等 5 个重要文件，体现了人类对于环境问题有了更新更高的认识。此次大会对全世界未来的文明发展进程奠定了坚实的基础。《21 世纪议程》成为全球实施可持续发展战略的行动纲领。

"可持续发展"最早是由生态学家根据生态环境的可承受能力或者叫环境容量提出来的。生态环境是一个复杂的、开放的、动态系统，它具有自我调节的能力，当受到外界影响造成局部破坏后，能在一定时间内由环境自身调节而恢复其原有的功能。但这一能力是有限的，或者说生态环境是有一定承受极限的。当外界影响超过这一极限时将造成生态环境的长久破坏或永久不

可逆转的破坏。所以外界的影响无论是自然的、还是人为的作用，都必须限制在这一极限范围之内才能维持生态的可持续性。

人与环境是对立的统一体。人是自然界进化过程的一个产物，是生态环境中的一个成员。人类依赖于自然环境生存、生活和发展。所以，在人与环境

人与环境协调发展

的关系中首先必须认识清楚"人是自然界的一部分而并非大自然的主宰，人类的一切行为不可超越自然"。因此，人类的活动毫无例外地应服从物质世界的整体规律，在发展经济、向大自然索取的过程中，以及向大自然排放污染物的时候都必须考虑不可超过环境的承受极限。人们必须约束和规范自己的行为，保护好我们的家园。

但是，人又与其他地球生物有本质的不同，他们不仅仅被动地适应环境、依赖环境而生存，而且有巨大的创造力和建设的能力来推动人类社会不断发展和进步。人类的活动对生态环境产生极大影响，特别是近百年来由于人口的骤增、生产力的发展和科技的进步给环境带来越来越大的影响，出现了自然资源枯竭、生态环境破坏及污染的灾难性现象。人类的活动给大自然带来的消极影响已经直接威胁到人类自身，"皮之不存，毛将焉附"？生存环境都没有了，又何来发展呢？人与环境的关系无主次之分，也不是谁主宰谁的关系。

人与环境的关系应该是和谐地相处、积极地发展，才能使人与环境长期共存。总之，所谓协调与发展是指在以人类为核心和主体的全球生态系统中，人通过不断理性化的行为和规范，以协调人类社会经济活动与自然生态的关系，协调经济发展与环境的统一，协调人类的持久生存、世代福利与资源分配的当前与长远的关系，从而实现全人类寻求的总体目标的最优化。

为了实现协调发展的目标，要做到在社会、经济与技术之间，在经济发展与生态环境之间，在自然资源的需求与供给之间的和谐统一，以达到经济

建设可持续发展的生态环境

发展是高效的、社会发展是平等的、环境发展是合理的目的。

20 世纪 70 年代之前，经济发展被理解为工业化水平的快速提高和保持高速持续的经济增长率，只强调国民经济生产总值的增加而忽视贫富两极的分化，出现了贫富悬殊；忽视了环境问题出现了公害和资源短缺的危机。20 世纪 70 年代以后，人们才开始逐渐认识到粗放型增长模式严重地阻碍着经济发展和人民生活水平的提高，并威胁着全人类未来的生存和发展，从而开始强调均衡地发展社会经济，注意人民生活水平和质量的提高，逐渐实现由单的经济增长战略向多元化的社会经济发展战略目标转移。里约热内卢环境与发展大会标志着人类对环境与发展问题的认识有了质的飞跃。

可持续发展的定义，从字面上讲，"发展"是事物向更高、更好、更先进的阶段进化；"持续"是维持长久、不间断、不减弱或不失去动力；"持续发展"是指发展的状态是否长久；"可持续发展"则是指发展的能力，发展可不可能持续，可不可以持续。针对环境问题所提出的"可持续发展"，1987 年《我们共同的未来》报告之中有如下定义："既能满足当代人的需要，又不对后代人满足其自身需要的能力构成危害的发展。"1991 年，国际自然资源保护同盟、联合国环境署和世界野生动物基金会联合发表的《保护地球——可持续发展战略》中将其定义为"在不超出支持它的生态系统的承载力的情况下，改善人类的生存质量"。总之，可持续发展的实际意义是，人们希望寻找到一条能使人口、经济、社会、环境、资源长期相互协调的发展之路。它既能促进经济增长、社会进步，又能满足人类对生活水平不断提高的欲望；在保护好环境使其不超过地球的承载能力的情况下，又能保证对后代人的需求不构成危害。

里约热内卢会议产生了两项国际公约、两项国际声明和一个主要行动议程共 5 个文件。这 5 个文件中，《关于环境与发展的里约热内卢宣言》的文件

确定了各国寻求人类发展和繁荣的权利和义务。综合起来共4个方面，可以把它看成是可持续发展的基本内容。

（一）人类方面："首先人有权在与自然和谐相处中享受健康，丰富生活。但今天的发展绝不能损害现代人和后代人在环境与发展中的需求"。人类首先要明确自己在自然界的地位——"人是生态系统的一个成员"，人也是环境系统的主要因素。人类必须约束自己的行为，控制人口增长使之更有利于与环境协调发展，在自然界中能长期生存下去。

（二）经济方面：经济可持续发展传统的经济发展模式是一种单纯追求经济无限"增长"，追求高投入、高消费、高速度的粗放型增长模式。这种发展模式是建立在只重视生产总值而忽视资源和环境的价值、无偿索取自然资源的基础上的，是以牺牲环境为代价。这样的"增长"必然受到自然环境的限制。因此，单纯的经济增长即使能消除贫困也不足以构成发展，况且在这种经济模式下又会造成贫富悬殊两极分化。所以这样的经济增长只是短期的、暂时的，而且势必导致与生态环境之间的矛盾日益尖锐。

现在衡量一个国家的经济发展是否成功，不仅以它的国民生产总值（或者说叫做生产多少金钱）为标准，还需要计算产生这些财富的同时所消耗的全部自然资源的成本和由此产生的对环境恶化造成的损失所付出的代价，以及对环境破坏承担的风险。这一正一负的价值总和才是真正的经济增长值。

经济发展是人类永久的需要，是人类社会发展的保障。而经济的持续发展必须与环境相协调。它不仅追求数量的增加，而且要改善质量、提高效益、节约能源、减少废物、改变原有的生产方式和消费方式（实行清洁生产、文明消费）。也就是说，在保持自然资源的质量和其所提供的服务的前提下，使经济发展的净利益增加到最大限度。

（三）社会方面：社会的可持续发展是人类发展的目的。社会发展的实际意义是人类社会的进步，人们生活水平和生活质量的提高。发展应以提高人类整体生活质量为重点。当前世界大多数人仍处于贫困和半贫困状态，所以《21世纪议程》中提出：持续发展必须消除贫困问题，缩小不同地区生活水平的差距，通过使贫穷的人们更容易获得他们赖以生存的各种资源达到消除贫困的目的。使富国与穷国的发展保持平衡，是实现社会可持续发展的必要条件，是符合大多数人的利益的。社会的发展还应体现公平的原则：既要体现当代人在自然资源和物质财富分配上的公平（不同国家、不同地区、不同人群之间要力求公平合理），也要体现当代人与后代人之间的公平。当代人必须在考虑自己发展的同时给后代人的发展留有余地。

生态环境通向可持续发展

（四）生态环境方面：生态环境的可持续发展环境与资源的保障是可持续发展的基础。树立正确的生态观，掌握自然环境的变化规律，了解环境容量及其自净能力才能使人与自然和谐相处，使人类社会持续发展。各国有开发自己本国资源的权力，但不能造成对环境的危害。为保护环境，各国应依照本国国力加强预防措施，如果造成境外损害应依照国际法给予赔偿。为实现可持续发展，各国对环境必须纳入发展计划，使其成为经济发展的一部分，而不能孤立地看待它。人类社会和经济的发展不可对环境做重大改变，不能破坏生态平衡。总之，生态环境的可持续性，是在不超过生态环境系统更新再生能力的基础上的发展，这样人类的发展应与地球的承载力保持平衡，人类的生存环境才能得以持续。

可见，持续发展包括经济持续、生态持续和社会持续三方面内容，其中生态持续是基础，经济持续是重要保证条件，社会持续是发展的目的。可持续发展的基本精神是：全球携起手来共同努力，发展经济满足人们的基本需求。在提高全民生活水平和生活质量的同时也必须保护和管理好生态环境，让人们世世代代在地球上生活下去。可持续发展的基本原则是强调发展、强调协调、强调公平。只有正确理解环境与发展的关系，才能使得发展在经济上是高效的，在社会上是平等的、负责的，在环境上是合理的。

真正实施可持续发展之路是漫长而艰辛的，我们所面临的是如何将里约热内卢大会精神转变成各国的行动。近几年来，在落实的过程中还存在许多不尽如人意之处，比如一些发达国家在落实经济援助上并未实现自己的承诺，

也有些发达国家为维护本国利益而不顾全局，以援助不发达国家的名义又将自己国家的污染物转嫁到他国，继续破坏那里的环境，掠夺那里的资源；而不发达国家则在控制人口增长方面，提高人民生活水平方面上差距仍很大，并且在发展经济的同时为了眼前的利益而牺牲环境，走发达国家老路的现象也时有发生……尽管如此，我们相信伟大的里约热内卢大会精神一定会不断地在社会实践中得到发扬光大的。

共同的生死攸关的利益将人类结成命运共同体，为建设一个干净的、丰富多彩的地球而努力奋斗。我们相信，只要各国政府立即行动起来，采取切实有效的措施唤起民众，利用科学家的智慧，发挥企业家的才能，人类一定能在拯救地球的过程中改造自己，创造新的文明。

知识点

环境容量

环境容量可以从两方面下定义，一是指在人类生存和自然生态系统不致受害的前提下，某一环境所能容纳的污染物的最大负荷量；二是指一个生态系统在维持生命机体的再生能力、适应能力和更新能力的前提下，承受有机体数量的最大限度。

环境容量包括绝对容量和年容量两个方面。绝对容量是指某一环境所能容纳某种污染物的最大负荷量。年容量是指某一环境在污染物的积累浓度不超过环境标准规定的最大容许值的情况下，每年所能容纳的某污染物的最大负荷量。

寻求国际范围内的合作

环境危机不仅仅对某一个国家的安全构成威胁，而且同时影响到全人类的生存环境。因此，必须全球携起手来共同保护我们的地球——家园。

随着环境污染日益国际化，有三大类问题需要在国际范围内解决。第一，当毗邻国家分享共同资源时，一国利用自然资源造成的污染会超越国界，影

美好的地球家园

响另一个国家，产生污染的区域性问题。第二，世界共同拥有一些全球性的环境资源，如大气和深海等。任何国家对这类"全球共有物"采取任何行动，都会对其他所有国家产生影响。第三，有些资源虽然归一国所有，而且在市场上无法体现其价值，但是它对国际社会有价值，如热带雨林、其他特有的生态栖息地以及独特的物种等。

为了解决这些污染问题，需要国际范围内的合作。保护环境是全人类共同的任务，但是经济发达国家应负有更大的责任。从历史上看，发达国家在工业发展过程中过度消耗自然资源、大量排出污染物，造成许许多多全球性的环境问题。就目前而言，发达国家对环境的破坏无论从总量还是从人均量来看都大大超过发展中国家。所以，发达国家对环境问题负有不可推卸的责任。

（一）经济合作。由于社会发展的不平衡造成全球贫富悬殊，为了消除贫困必须加强全球经济合作，尤其是发达国家对不发达国家有义务提供经济援助。首先是寻找途径减少许多发展中国家的外债，特别是那些最贫困国家的外债。其次是向发展中国家提供援助，帮助他们管理经济，使经济多样化；管理好各种自然资源，保持市场力量（利率和汇率）的稳定，将有利于全世界的发展，也符合发达国家的利益。大会上，发达国家重申一定要完成已经承诺的联合国指标，向世界提供每年国民生产总值的0.7%作为正式的发展援助。

（二）技术合作。发达国家有雄厚的经济实力和先进的科学技术，理所当然应为全球环境承担更多义务，向发展中国家提供新的高效的技术，特别是农业、工业和能源等方面的技术，帮助他们在发展经济的同时保护好环境。这不仅有利于发展中国家，也是符合发达国家自身利益的明智之举。

（三）国际法。为了全球有一致的行动来推动可持续发展战略的实施，所有国家需要共同参与缔结可持续发展的国际条约，提倡环境与发展政策的一

体化。通过全球性的协商，考虑各国的不同情况和能力，建立有效的国际环境保护标准；在国际范围内尝试规定进行可持续发展的权利和义务；采取措施妥善解决和避免可持续发展的国际争端。全球性合作必须是发达国家与发展中国家共同的合作。这个合作，首先是发达国家必须积极主动地解决自身的环境问题并帮助发展中国家解决环境问题，其次是必须有发展中国家的广泛参与。但是，由于国家利益不同，它不可能依靠一个共同的法律框架、规章制度、经济鼓励措施以及国家政权的强制力量来解决。因此，必须遵循主权国家之间合作的共同准则。这给达成一种国际性的共识造成困难。虽然联合国海洋法公约谈判了 10 年还未生效，但是，各国政府已就海洋污染问题促成了许多比较环保的产业的崛起。

因此，在现阶段可以从不涉及国家主权，但又具有全球性的问题着手。例如，在全球的大气层、全球的海洋和全球的气候三大问题上，没有一个国家能要求主权；人类，尤其是各国领导人可以在全球范围内进行真诚的合作和联合行动，通过协商制定具有集体责任感的共同政策和全球战略。这是保护地球和人类未来的最低要求。

对于一些区域性的环境问题，可以通过区域性合作组织，包括政府和非政府的机构，签订一些国际性协定，在确保各国主权和利益的基础上，通过协商解决。例如，印度和巴基斯坦之间分享印度河流域的协议是有关国际河道协定中最成功的一个。另一个具有创新意义的例子是莱索托高地水利工程。莱索托在圣果（Senqu）河上建设一项大型工程，用来向南非供水，所需资金和所负债务由南非提供和偿付。由此，莱索托从南非支付的水费中获益，南非降低了确保其水量的成本。

在一些涉及国家主权的问题上，各国政府可以相互协商和合作，使各参与国从中得利，从而推动环境保护事业的进行。在这基础上建立一些国际管理机构，它归根结底仍受各国政府的支持，但日常工作是大量的，也是很有用的，而且在处理这些问题时，已经赋予了该机构一定的权力。它们可以从各国政府有关部门获得支持，这些部门也可以从国际组织得到帮助。虽然，它们没有完全脱离国家主权，但主权已在有限范围内实行"共享"。

联合国举行的环境和发展会议通过了《21 世纪日程》、《里约热内卢环境与发展宣言》和《有关森林保护原则的声明》3 项意向性文件，就环境问题达成一些共识，对今后推动环境保护工作具有深远的意义。另外，有 135 个国家签署了《防止全球气候变暖公约》，148 个国家签署了《保护生物多样性公约》，这是两项具有法律约束力的公约，为国际社会解决人类和各国切身利益有关的环境问题迈出了积极的一步。

例如，保护生物的这个公约重申了各国对它自己的生物资源拥有主权，也有责任保护它自己的生物多样性并以可持久的方式使用自己的生物资源；同时强调，为了生物多样性的保护及其组成部分的持久使用，有必要促进国家、政府间组织和非政府部门之间的国际、区域和全球合作。另外，规定了各国在生物多样性遭受严重减少或损失的威胁时，各国不应以缺乏充分科学定论为理由而推迟采取旨在避免或尽量减轻此种威胁的措施，而且各国应确保在其管辖或控制范围内的活动不致对其他国家的环境或国家管辖范围以外地区的环境造成损害。这使国际社会的共同战略行动与国家主权得到协调，有利于环境保护事业的广泛开展。

知识点

《保护生物多样性公约》

《保护生物多样性公约》是一项保护地球生物资源的国际性公约。公约在 1992 年 6 月 1 日由联合国环境规划署发起的政府间谈判委员会第七次会议上通过，1992 年 6 月 5 日由签约国在巴西里约热内卢举行的联合国环境与发展大会上签署。1993 年 12 月 29 日公约正式生效。常设秘书处设在加拿大的蒙特利尔。联合国《保护生物多样性公约》缔约国大会是全球履行该公约的最高决策机构。

提高全民环境保护意识

可持续发展的核心是人的全面发展、人的素质的普遍提高。可持续发展的决定因素是人类的活动及经济发展方式。所以，改变人们的传统习惯和旧

的发展模式，提高人们环境意识是亟待解决的根本问题。

"教育能赋予人们关于可持续发展所需要的环境和道德方面的意识、价值倾向、技能和行为"。所以首先是普及基础教育，提高全民的文化水平是完成可持续发展的必要保证。其次是推广环境知识，将环境与发展的概念引入课堂，让人们

少先队员展示环保主题长卷

了解重大环境问题的成因，对提高环境意识和规范人们的行为、自觉保护环境有极大的帮助。另外，新闻媒体、剧团、娱乐事业及广告业的合作可以加强宣传扩大影响，让保护生态环境的理念深入人心，妇孺皆知，发挥社会各界的作用促进公众的参与，让全球行动起来保护我们的地球家园。要使人们认识到，地球生态系统失去平衡，受到最大威胁的既不是哪一种资源，也不是哪一种动植物，而是人类自身。因此人类不能消极地等待，而应积极地行动。我们要珍视自己的历史、文化、传统、信仰，这些都是很宝贵的。但

大自然是我们的朋友

是，这些都要适应地球生物系统平衡所需的多样化功能。只有这样，我们赖以生存的世界才能丰富多彩。这就是说，地球是一个互相依存的整体，人类为了生存和发展，应该抛弃"大气、海洋、土地是无边无际"的荒唐观点，在整体性和相互依赖性的基础上建立一种新的公平的全球伙伴关系，通过国际合作，拯救正在失去平衡的地球，为我们的子孙后代创造一个适合生存和发展的优美环境。

建立集中统一的公害防治体制

环境污染受多种因素的影响，因此，只靠单一的治理是不能从根本上解决问题的，只有用综合防治的办法，才能使防治工作经济、合理、有效。也就是说，将环境作为一个有机整体，根据当地的自然条件和污染产生、形成的因素，采取经济、管理和工程技术相结合的综合措施，以达到最佳的防治效果。在这过程中，首先应该建立统一、集中的公害防治体制，确立重点，协调各部门、各地区的行动，解决防治过程中出现的各种问题。

20世纪70年代前，各国没有一个专门负责公害防治和环境保护工作的机构。例如，在美国，大气污染的控制归卫生教育福利部管，水污染的控制归内务部管，土壤保护则归农业部、卫生教育部和内务部分管。因此，环保政策没有一揽子考虑方案，仅是"头痛医头，脚痛医脚"。在英国，环保制度更是分散，由住宅与地方行政部管理大气污染控制法令的实施，制碱检察署管理特定工业部门的废气排放，河流局管理河流排污。苏联虽然是中央计划经济国家，但相当长时间内没有统一的环保机构，卫生部只管制定环境卫生标准和规程，科学院更多地从事环境污染的调研工作，国家科委只起计划协调作用，农、林、渔等部门也负责水利资源、土地侵蚀、森林保护等管理工作。在日本，公害防治和环境保护工作分散在内阁各省。由于这种防治体制分散而没有实权，再加上各部门权限不清，政策法令不统一，意见分歧，互相扯皮，各行其是，因此，环保工作往往收效甚微。

各国政府为此于70年代前后分别建立了统一、集中的公害防治体制。美国于1969年成立了总统的咨询机构"环境质量委员会"，负责向总统提出关于环境政策的建议；1970年又成立了直属联邦政府的控制污染执行机构的"环境保护局"。

1990年，新上任的环保局局长赖利责成环保科技顾问理事会，用最先进的科学方法评估各项公害对国民生活和生态危害的程度。科顾会经过一年的研究，发表了著名的《污染危害程度的分析》报告。该报告指出，危害国民健康的污染主要有空气污染、有毒化学物的暴露、室内污染（被动吸烟、溶

剂、杀虫剂、甲醛）、饮水污染（水内含铅、三氯甲烷、致病微生物等）；影响生态平衡有高度危害的环保问题主要有动植物栖息地被破坏，生物灭绝、品种减少，臭氧枯竭，地球气候变暖；对生态及国民健康危害较轻的公害是农用杀虫剂及除草剂，地表水被污染及空气中的毒性浮尘；对生态及国民健康危险较小的公害是石油外泄、地下水污染、辐射性污染、酸雨、热污染。报告进一步指出，为了解决这些环境问题，美国必须建立统一的环境保护体制。

日本于 1971 年将分散在各省的公害防治和环境保护的职能工作集中在一起，正式成立由首相直接领导的"国家环境厅"，作为统一管理环境的权力机构，并在各地方和基层企业建立相应的专门机构。国家环境厅每年发表一本《环境白皮书》，指导全国的环保工作并为世界环境问题出谋划策。

英国于 1970 年成立环境部和关于环境污染的皇家委员会。后者成员以个人身份参加，任期至少 3 年。委员会有权调阅文件，甚至参观现场设施。几年来他们共提出 15 份报告，其中大多数对国家政策产生了影响。如 1983 年提出关于铅的报告后，降低了汽油中铅的含量，并开始使用无铅汽油。

德国政府于 1970 年设立环境问题内阁委员会，负责全国环境规划。1971 年法国成立自然与环境保护部；为强化环境管理机构，1991 年法国成立了环境与能源控制署、环境研究所、工业环境与事故研究所，以此扩大了环境部的职权范围，增强了国家的技术干预能力。印度在 20 世纪 70 年代初期成立了一个起咨询作用的环境委员会。后来苏联也建立了全国性的环境保护机构"环境保护和合理利用自然资源委员会"。哥斯达黎加为了更好地保护国家公园和保护区，1986 年将大量机构并入自然资源、能源与矿

南非的野生动物保护区

产部，创建了一个新的全国性的保护区制度，建立起一些有较大决策权和资金自主权的地方——"超级大公园"，每一个公园都得到不同的国际捐赠者集

团的支持。

由于建立了集中、统一的防治体制，各国的环境保护部门和机构有职有权，各部门间职权分明，互相协作，有力地促进了公害的防治工作。

➡️ 知识点

热污染

热污染是指现代工业生产和生活中排放的废热所造成的环境污染。热污染可以污染大气和水体。火力发电厂、核电站和钢铁厂的冷却系统排出的热水，以及石油、化工、造纸等工厂排出的生产性废水中均含有大量废热。这些废热排入地面水体之后，能使水温升高，使溶解氧减少，某些毒物毒性提高，鱼类不能繁殖或死亡，某些细菌过量繁殖，破坏水体生态环境，进而引起水质恶化。

制定严格的环境保护法规

在防治公害中，既要对已造成的环境污染问题有计划、有步骤地治理，又要防止或减少新污染的产生。因此，环保工作要纳入国民经济计划，对重大项目的选址、设计、布局等，都要充分考虑环保因素；在生产过程中积极试验和采用无污染的新能源、新工艺、新技术和新设备，合理组织生产，加强工业环境管理，减少污染，生产无污染的新产品。同样重要的是，要以法治害，运用法律手段，即制定和完善严格的环境保护法规，使每个产业、每个部门、每个成员有法可依。

"二战"后，尤其是20世纪70年代前后，各国政府制定了一系列防治公害的法律和法令。美国国会于1969年通过了《国家环境政策法》，以后又通过了《大气净化法》、《水质改善法》、《资源回收法》、《住房、城镇发展法》等。1983年以来美国已有30个州先后制定了垃圾处理及回收废物的法律，规定对废旧物品的回收利用计划实行减免税、提供贷款等优惠政策。1989年9月30日，加利福尼亚州颁布的有关法律尤其严厉，要求所属各市县广泛回收垃圾中的有用资源，5年内减少垃圾25%，到2000年减少垃圾50%。美国

1985 年制定的《农业法》，经过 1990 年的修改，明确规定在易于造成地下水污染的地区，要发展少用农药和化肥的农业；限制使用农药，如果投用就要记录并报告使用情况；制定有机农业的全国统一标准和标志。美国还制定了对破坏生态者实行经济的、行政的甚至刑事的制裁与惩罚的法律。华尔街大金融家琼斯在马里兰东海岸的一个私人猎场用沙子等材料填埋沼泽地准备进行开发，法院下令对其判处 100 万美元的罚款并禁止再对沼泽地进行开发。

日本于 1967 年制定了《公害对策基本法》，1970 年国会通过了 14 个有关保护环境的法律，1971 年又通过了《环境保护法》、《整顿公害防治体制》等 6 项条例，逐步形成了日本防治公害的法律体系。从 1971 年 9 月 24 日起实施的《废弃物处理和清扫法》规定，对于违法者可分别处以 1 年、6 个月、3 个月以下的惩役或 50 万日元、30 万日元、20 万日元、10 万日元以下的罚款。如不按规定将可燃与不可燃的垃圾分类存放，就要处以罚款。2000 年，日本制定了《绿色采购法》，2002 年又实施了《汽车循环法》。

欧共体为处理欧洲共同性的污染问题，也制定了许多有关的法律规定。例如对三氧化硫、氮氧化物的排放量，公路使用的燃料，如何处理有毒废气，都有明确的法律规定。为防止包装垃圾泛滥，制定的《垃圾处理法（草案）》明文规定，谁把商品带入市场，谁就应该承担回收的责任。1991 年 5 月 21 日它发表了有关污水的指令，要求各市镇在 2005 年以前都要拥有污水收集与净化系统。2009 年，英国新环保法律开始生效，新环保法鼓励司机使用更加环保的燃油，新法律规定，英国售卖的石油和柴油，必须含有至少 2.5% 的生物燃料。

英国在大气污染方面，先后公布了《清洁空气法》、《制碱等工厂法》、《公共卫生法》、《放射性物质法》、《汽车使用条例》；在水质污染方面，颁布了《河流防污法》、《垃圾法》、《公民舒适法》、《有毒废物倾倒法》、《城乡规划法》、《新城法》、《乡村法》等等；在固体废物方面，制定了《垃圾的收集和处理规则》、《危险垃圾的处理规则》2 项法规。

两德统一后，德国制定了适用于整个德国的农业与环境的《新联邦法》。1990 年 1 月，德国制定了有关食品和饮料的塑料包装法规，限制塑料包装的品种，要求尽量使用可多次循环的包装，尽量减少使用一次性包装。2005 年 3 月 16 日，德国制定通过了《电子电气法》，该法详尽地规范了废旧产品处理过程各方的权利和义务，为废旧电子电气产品的体系建设提供了法律保障。

法国同环境有关的法令主要有：1960 年的国立公园法令、1961 年防治大气污染法令、1964 年防治水污染的法令，1970 年 6 月制定了《环境保护初步规划》和"百项措施"，1992 年 1 月颁布《新水法》。《新水法》对水资源进行规划，制定每条水道流域的整治和管理蓝图，确定中期与长期目标，确定城市化和开发范围，划定自然保护区和引水区等等。该法强调保护水系生态，所有可能危及水系平衡的工程必须得到批准方可进行。

法国为降低工业污染，规定大型工业和民用供热锅炉的二氧化碳的排放标准，企业必须装备防污染系统，扩大大气污染附加税征收范

无铅汽油的发明者托马斯·米基利·梅勒

围，为减少汽车废气污染，政府将无铅汽油的税额减少了 0.41 法郎。目前，无铅汽油已占法国汽油消费量的 30%。1990 年春，环境部长明确指出了农业污染水源的责任，强调"谁污染谁付钱"的原则，按其对自然环境的损害程度纳税；谁保护环境的措施越多，谁的纳税就越少。为此，一些环保机构同农民一起制定反扩散性污染计划，清除硝酸盐污染尤其重要。1989 年初，法国环境部长提出了"减少、处理、开发循环利用垃圾"的 10 年规划，目标是用 10 年时间关闭或改造所有传统垃圾场，实现全部垃圾的处理与价值化。

瑞典于 1985 年明确规定了农药使用量标准，要求在 1990 年前减少 50%，同时要求在 1995 年之前将氮肥使用量减少 50%。荷兰于 1984 年公布法令，禁止开设新的奶酪畜牧场，检查和控制增设畜产设施；禁止在冬季施撒用家畜排泄物制作的肥料；建立将家畜排泄物贮藏 6 个月的设施；规定每公顷土地的化肥施用量，氮素成分为 125～250 千克。但由于执行不力，1992 年，荷兰政府重申，所有畜产农场必须遵守上述措施，否则就改种其他作物。

丹麦于 1987 年规定，每公顷土地家畜排泄物施用为氮成分 200 千克，家畜排泄物要在贮藏设施内发酵 9 个月；耕地的 65% 全年都要作为绿地；以 1992 年为基础，氮肥使用减少 50%，磷肥使用减少 80%；农药投放量 1992 年削减 25%，1997 年之前再削减 25%。如今，丹麦早已是举世知名的绿色国家。

南斯拉夫议会保护和改进人类环境委员会通过法律，规定某种产品在制造过程中污染生态环境，应征收相当于该产品出厂价格 5% 的生态保护税。

智利为防止过度捕捞导致鱼类灭绝，于 1991 年制定了新的《渔业法》，规定全球范围的限额、单独的可转让限额、按单船及其船具规定的限制。它改变了过去那种完全放开的、毫无限制的捕捞。虽然，执行时会遇到不少困难，但毕竟也是一种进步。智利为净化首都圣地亚哥的空气，于 1990 年颁布一项法令，规定了工业废气排放的新标准。在这基础上，政府从市内运营的 12000 辆公共汽车中报废 2600 辆旧车；减少冬季行驶的公共汽车、私人汽车 20%；将通过市中心地区的公共汽车从每小时 2000 辆减少到 1000 辆；同时，规定从 1992 年 9 月起，进口汽车要加装催化器，使用质量高的汽油、柴油，引进无铅汽车。

苏联在 20 世纪五六十年代由各加盟共和国先后制定了《自然保护法》、《鱼类保护法》、《公众卫生保护原则》等，1980 年公布了《苏联保护大气法》。1990 年 8 月，莫斯科市实行新的污染罚款法。

在这些法律和法令的基础上，各国政府还根据实际情况，制定了有关大气、水质污染的环境标准，制定了工厂废气、汽车废气、工厂污水的限制法和排放标准，明确规定了国家、地方、企业居民在环境保护方面的职责、权利和义务，还规定了造成环境污染者应负担费用等原则，使环境保护工作有章可循，有法可依，走上了"以法治害"的道路。

让环保事业在市场经济轨道健康运行

几十年来，联合国国民核算体系把经济活动的常规测算作为福利指标，因此，许多国家公用事业和环保工作不计成本，成为经济发展的负担。随着地球环境的日益恶化，人们越来越感到这个核算体系有其局限性，它不能精确地反映环境恶化和自然资源消耗的状况。将环保工作纳入市场经济的轨道是必要的。

各国行动起来

经济学家们为此正在探索环境保护的核算体系，将环保工作纳入市场经济的轨道。他们把用于实行环境保护措施的费用与可预防的环境污染损失联系起来，用经济杠杆管理环境保护工作。这工作首先在 OECD（经合组织）的某些国家中开始，特别是在挪威和法国，后来在不少国家中得以推广。这些国家对自然资源和环境的核算方法虽然目标不同，但目的都是针对和解决其国民核算体系框架中的不同问题。

第一种方法最为简单，它试图更精确地测算人们对环境破坏造成的损失和保护环境所需的费用。第二种方法是对自然资源的衰竭进行估算，这是一种用常规方法计算收入来推导净收入的测算方法，它适用于对国民核算体系中自然资本不一致的处理。使用这种方法核算的有印度尼西亚的森林、石油、土壤，哥斯达黎加的渔业和森林，中国的矿石。第三种方法主要是提供改善环境管理的信息。如挪威使用实物测算方法，重点测算了其主要的自然资源——石油、木材、渔业、水力；联合国统计局正在进行综合考虑环境和资源使用及经济活动的工作。

苏联国家计委、建委和科学院曾通过联合决定，实行《计算采用环境保护措施的经济效益和估计自然环境污染给国民经济带来经济损失的暂行示范方法》。经过计算，在"十五"计划期间，如果直流供水 6.1 万立方米的水，在排水时使水的净化达到规定的标准，大约需要 110 亿卢布。但是，由于采用工业回收供水系统，实际仅花费 40 亿卢布，即节约基本投资 70 亿卢布。又如，由于收集有害的排出物，净化大气，减少经济损失 60 亿卢布。

喀麦隆的科鲁普国家公园，拥有非洲最古老的热带雨林，它是许多独一无二的濒危动植物物种的家园。为保护约 12.6 万公顷的公园，喀麦隆评估了热带雨林开发可能造成的破坏后认为，保护国家公园可以给喀麦隆带来巨大的社会经济收益。据估算，来自销售林产品等取得的直接收益占可计量收益的32%，来自渔业与土壤资源等得到的间接收益占68%，收益大致为60亿美元。同时，喀麦隆和全球其他地区还可从环境保护中获得"选择价值"（未来

收益）和"存在价值"（保存物种的价值）。喀麦隆以此呼吁国际社会提供援助，保护其热带雨林和国家公园。

目前，为了改变自然资源使用过程中的种种扭曲，许多国家正在实施以市场为导向重新分配自然资源的新方法。

例如，加利福尼亚州建立了一个自愿参加的"水银行"，该银行把从农场主那里买来的水卖给城市地区。农场主因以高于实际产值的价格出售水而赚得利润，城市为获得这种水而支付的费用大大低于其他供水来源的费用。这种以市场为基础的重新分配方法的显著特点是自愿、买卖双方都能获益，以此减轻因灌溉用水浪费而产生的环境问题以及减少兴建更多水坝的需求。

值得注意的是，各国为了将环保工作纳入市场经济轨道，正在扩大私人部门的作用。1985年澳门的饮用水公用事业私营化后，经营状态显著改善，6年中水损耗下降了50%。圣地亚哥饮用水公用事业单位同私营部门签订了看表收费、管道维修、开列账单以及租借车辆的合同，结果，该公司职工生产率比其他公司高出3~6倍。

环保企业的兴起

保护地球，保护人类生存和发展的环境，已成为国际社会的共同呼声。随着人类环保意识的增强，绿色产品备受欢迎，环保技术日新月异，环保产业已成为各国经济发展的重要部门。一切有作为的科学家和有远见的企业家已纷纷行动起来，为拯救地球而贡献其知识和力量。他们在事业中已取得丰硕的成果。

法国中部的阿拉德公司造纸厂很长时间内一直都将污水排入罗瓦河，后来，该公司决定净化污水。于是，它与专门净化食水和处理工业废水的保利满有限公司合作，建造了一座价值1000万法郎的污水处理厂。现在，人们可以去造纸厂旁边垂钓了。他们正计划将该技术推广到其他20多家造纸厂。该公司的技术部主任瑞内·拉尚伯尔说："这家污水处理厂并没有为我们带来更多利润，但正如我们老板所说的，只要大家都能爱护这条河，我们就心满意足了。"

实际上，保护环境对于企业来说，不但可以节省开支，而且能增加竞争力。《企业和环境》一书作者乔格·温特说："总经理可以不理会环境的时代已经过去了。将来，公司必须善于管理生态环境，才能赚钱。"据瑞士国际管理发展研究所 1990 年对 100 名企业主管人员进行的调查，其中有 79 名说他们已大量投资发展各种可进行生物分解或易于再循环的新产品。一些管理基金的人制定投资策略时，越来越多地考虑公司在环保方面的表现。据调查，自 1973 年以来"绿色股"（经营废料处理业务的公司发行的股票）价格在伦敦股票市场的增幅，比全部股票的平均增幅高 70%。

保护地球是全人类共同的责任

在这种情况下，不少大公司也加入了环保行列。可口可乐公司在全世界推行可以再循环使用的罐子。在美国，麦当劳快餐店改用可以再循环的纸来包汉堡包，不再使用那些不易处理的聚苯乙烯盒子。法国著名化妆品企业奥雷阿尔公司耗费 2 亿法郎巨资，经过 10 年研究，终于发现了可以不再在喷雾剂容器中使用那些损害臭氧层的氯氟烃的新方法。比利时德科斯特家族经营的屠宰场投资 2700 万比利时法郎，建造了一座新的污水处理厂。

一些零售商也积极地跟上，加入了环保运动行列。德国的滕格尔曼超级市场集团通知供应商，所有含纤维素的产品和包装品都不得含氯。丹麦的埃尔玛超级市场集团也规定，所有包装中不得有一切有害身体健康的物质。瑞士最大的零售公司米格罗斯发展了一种电脑程序，用来记录从生产到垃圾处理过程中，产品的包装对空气和水土造成的污染情况，看看是否符合"生态平衡"标准，一种产品如果不符合标准，超级市场就不卖它。

甚至原来对环境污染严重的企业，例如德国的赫施、拜耳、亨克尔、巴斯夫等化学工业大公司，现在也成了欧洲最"绿色"的企业。它们共投资了 20 多亿马克推行环境保护，发展环保企业。大众汽车公司发明了一种新型涡轮增压柴油引擎，耗油量比传统的节省 30%，排出的一氧化碳也减少了 20%。它还耗资 10 亿马克兴建新的油漆厂，将完全不用化学溶剂，改用水基漆。

1988 年意大利的蒙特卡蒂尼—爱迪生化学公司历经 10 年，耗费 3000 亿

里拉，发明了一种可以替代石棉的聚丙烯纤维网，能像石棉那样加强混凝土，却不会制造有毒的气体或液体。该公司总经理说，意大利商人以前不大注意环保问题，但现在他们都投资研究清洁技术。在比利时，特雷科供应系统公司制造了一系列容易操作和维修的发电风车，销售给至少 12 个发展中国家。该公司预测，到 2030 年，欧洲需用的电将有 10% 由风车供应。

发电风车

企业家所以关心环保，还因为环保产品深受消费者欢迎。1990 年进行的调查表明 67% 的荷兰人、82% 的西德人、50% 的英国人在超级市场购物时，会考虑到环境污染问题，根据是否有利于环境的因素选购产品。这促使企业家环保意识增强，推动环保产品日用化，向日常生活中的衣、食、住、行等方面渗透发展。

在饮食方面，不少制造商已推出电解电离子式、逆渗透式、活水纯水机等改善水质的设备，向消费者提供有利于健康和可口的"保健食品"。制造商还推出了节约能源 30% 的红外线瓦斯炉、处理残羹剩饭的设备等，在居住方面，不少企业提倡生态主义，为消费者提供不会污染、破坏地球生态，及兼顾环保观念和实用功能的产品。例如，家居环保垃圾桶系列，具有健康测定功能、自行喷洗、排气除臭的抽水马桶系列，供清洁居家环境的杀虫剂、清洁剂系列，能净化居家空气的设备等。在出行方面，目前，欧、美、日等发达国家已着手开发环保汽车，以尽量减少汽车对资源与能源的耗费和对环境的污染。德国已推出可全部回收再造的绿色汽车。美、日的不少企业也正在生产汽油添加剂和除污省油的装置。此外，环保意识也已融入其他行业，出现了"绿色"化妆、"绿色"旅游等新潮流。尤其是过去一味在包装上强调高级的化妆品已逐步失宠，顾客日益欢迎能带来自然美的高技术、重环保的新型化妆品，那些没有添加剂的"自然色"化妆品更受欢迎。

随着环保企业、产业的兴起，一批生态企业家应运而生。英国"绿党"

的两位积极分子创立了环境调查公司，为企业提供消除污染的意见，生意极为兴隆。类似这样的环保顾问，1990年前英国只有80名，现在英国在环境技术领域有各类企业1.7万家，就业人数40万人。企业在这些咨询公司和环保顾问的帮助下，不仅减少或消除了对环境的污染，而且提高了产品的竞争力。例如，丹麦的瓦尔德·亨里克森纺织机制造公司所以能抗衡那些与它竞争的亚洲厂商，就是因为它发明、制造了一种新染色机，使纺织厂可大量减少排放有毒的废水。

环保技术的兴起将引发一场工业革命，环保产业的发展将导致世界经济结构的重大调整。它将使化学工业、金属加工、采矿等这些"肮脏工业"受到最严重的冲击，而以环保产品为中心的市场将形成数万亿美元的需求。据了解，到20世纪末，这种需求已达3000亿美元。随着人类对新的"绿色"设备和"绿色"服务需求的增加，环保产业方兴未艾，犹如巨大的浪潮冲击着人类所有的经济活动和日常生活。一切有作为的企业家要抓住这个难得的历史机遇，投身环保事业，兴办环保企业，在事业发展中为人类的生存和发展作出贡献，实现人生的价值。

知识点

生态平衡

生态平衡是指在一定时间内生态系统中的生物和环境之间、生物各个种群之间，通过能量流动、物质循环和信息传递，使它们相互之间达到高度适应、协调和统一的状态。从这个定义中，可以得出当生态系统处于平衡状态时，系统内各组成成分之间应该保持一定的比例关系，能量、物质的输入与输出在较长时间内应该趋于相等，结构和功能也应该处于相对稳定的状态，在受到外来干扰时，可以通过自我调节恢复到初始的稳定状态。

应用科学技术提高环境保护

YINGYONG KEXUE JISHU TIGAO HUANJING BAOHU

科学技术是第一生产力,它在带给我们便捷、舒适的同时,也对环境造成了一系列的破坏,如汽车对大气的污染,现代化工厂对水体的污染,农药的使用对土壤的污染等等。在环境保护上,如果能够合理应用科学技术加强保护力度,将会起到事半功倍的效果。如今,科学技术在环境保护的应用上已经屡见不鲜了,各个行业、各个领域都可见其身影,其效果是十分显著的。

加强科技在环境治理中的作用

科技进步曾加速了人类对地球的索取,污染了地球。事实证明,也只有科技进步才能拯救地球,从根本上治理地球的环境。

因此,近些年来,许多国家,尤其是发达国家投入了大量资金,加强环境科学和技术的研究。美国公害防治的科研工作由联邦政府、科学基金会等学术团体组织科研机构、高等院校进行,各州还有地区性的研究计划。环境保护局在 19 个州设有 30 多个实验室或研究所,其中有 3 个大型的研究中心,

科技拯救地球

各有研究特色。北卡罗来纳州研究中心，主要研究毒物学、流行病学；俄勒冈州戈伐里研究中心，主要研究生态系统；俄亥俄州辛辛那堤研究中心，主要研究污染控制技术和环境工程。每个研究中心都有约30个实验室。美国科学院设立了环境工程委员会，为环境保护局提供咨询意见。

美国的加州理工学院、麻省理工学院、新泽西州律特吉斯大学等设立了环境科学或污染工程学，这些系科既培养环保科技人才，又承担国家交办的科研任务。他们的主要工作是调查全国性的、地区性的大气、水源、土壤污染情况以及它们的污染源，研究控制和消除污染的办法。例如，开发燃料的燃烧与脱硫技术；研制电动汽车、蒸汽动力汽车等低污染或无污染汽车；推广工业用水的循环利用；回收和利用固体废物技术。另外，它们还加强基础理论研究；确定环境质量评价的原则和污染标准；调查、监测和分析环境状况的方法；设计环境变化、环境与生态关系、环境污染对人体健康影响的模型；研制测试技术，超微量分析、超纯分析技术与仪器；开发新能源、清洁能源。

日本以国立公害研究所为中心，加强同中央各部门、地方和企业的合作，建立了三者综合防治公害的科研体制。国立公害研究所和中央各部研究机构主要研究大气和水质污染问题，同时，负责日本各地公害防治监测数据情报的收集与整理。大学加强基础理论研究，如城市生态学、环境模型、环境气候学、污染质化学、微量污染物影响等。地方科研单位重点研究本地区特有公害的防治，例如，富山县公害防治中心主要研究骨痛病的诊断治疗、镉中毒的机制、镉对土壤的污染及其防治等。企业主要研究本企业的公害防治工作。日本还出台法令规定了各种行业、不同规模工厂的公害防治人员的数量和资格。

目前，英国比较重视"洁净技术"的研究与推广应用。"洁净技术"与

如何处理处置废品、废气、废水等污染物的常规防治技术相反，是一种既有益于环境，又有利于经济发展的积极的、主动的防治污染技术。1990年7月，英国"农业与食品研究委员会"和"科学与工程研究委员会"联合成立了"洁净技术小组"，专门负责组织"洁净技术"研究工作。1990年9月，英国政府在其环境白皮书中特别提出要大力发展"洁净技术"。为了推广"洁净技术"，政府每年所花的研究费约3800万英镑。它涉及产品设计、能源生产、新工艺、工艺改造、工艺控制、能源效率、废物的回收利用等7个方面。新的重点研究领域是利用光合作用生产精细化学品、原料和燃料；采用新的生物方式或无机合成法，可以生产出高效化学物质；通过农业中的工程过程法，采用新技术，来提高农作物和动物的产量并减少废物的方法。由于推广"洁净技术"，谢夫隆公司1988年危险废物的产出量比1986年下降60%，节省经费380万美元，阿莫科化学公司1988年废物产量比1983年下降了近90%，节省经费5000万美元。

德国的环保研究工作主要由大学、研究委员会、马科斯—普朗克学会、弗朗霍弗学会所属的研究所、德国工程师协会所属委员会、各工业研究所承担。它们着重研究水质污染对生态系统的影响和污水处理新方法，大力推广燃料脱硫和排气脱硫新方法，研制无铅汽油，和使微细灰尘、二氧化硫、氧化氮、一氧化氯、二氧化氟混合物分离的设备，改进固体废物灰化技术，提高清除放射污染物的效能，改进放射性污水的净化设施等等。

苏联由国家科委的环境保护和合理利用自然资源综合委员会、科学院的生物环境问题科学委员会协调研究所和大专院校的研究工作。重点是研制净化设备、清除工业污染。为了从根本上解决工业污染问题，又加强了少废料或无废料工艺的研究，加强综合利用和循环生产的研究。

近年来德国经过研究使棉纺厂用水节省80%，在居民用水方面美国水务局对7.4万居民安装节水型水池，澳大利亚和瑞典专门研究厕所用水，降低用水分别达到80%和84%，此外中水雨水也在世界许多地方得到推广和使用。在农田用水方面，美国、以色列用滴灌、机灌代替漫灌水，利用率提高95%，节水1.6倍，减少淡水用量25%～50%，农作物产量提高15%～50%，这些例子充分说明节水方面有很多可以创新的地方，节水的研究可以大有作为。

实现可持续发展，各国都应使用清洁生产技术、消耗资源少的技术和提

均匀的滴灌

高污染物治理的技术，并且不断地改进和提高这些技术，以便更好地保护环境。科学技术的进步有助于加深对气候变化、资源消耗、人口趋势和环境恶化等问题的分析和研究，从而更好地加强环境管理和发展事业，及时采取预防措施，减少对环境的危害。所以，加强对全球环境问题的科学研究，采用更先进的方法解决环境问题是可持续发展的重要步骤。

 知识点

环境气候学

简单地说，环境气候学就是研究人类生存环境中气候问题的科学，属于气候学和环境学的边缘学科。研究内容包括：气候与自然环境、气候与社会、气候与健康、气候环境改良、气候意识教育等。与环境气候学联系紧密的学科有环境学、生态学、气候学、地理学、社会学、人类学等。

加大新型科技环保材料的应用

纳米材料

材料是人类赖以生存和发展的物质基础。20 世纪 70 年代，人们把信息、材料和能源誉为"当代文明的三大支柱"。材料与国民经济建设、国防建设、人民生活密切相关。传统材料通过采用新技术，提高技术含量，提高节能、环保等性能，而成为新型环保材料。

随着科学研究的发展，人们发现当物质达到纳米尺度以后，大约在 1 ～

100 纳米这个范围空间，物质的性能就会发生突变，出现特殊性能。这种既不同于原来组成的原子、分子，也不同于宏观物质的特殊性能的物质构成的材料，即为纳米材料。

纳米材料的在未来的应用前景十分广泛。

在涂料方面的应用

纳米材料由于其表面和结构的特殊性，具有一般材料难以获得的优异性能。借助于传统的涂层技术，再给涂料中添加纳米材料，可获得纳米复合体系涂层，实现功能的飞跃，使得传统涂层功能改性从而获得传统涂层没有的功能，如有超硬、耐磨、抗氧化、耐热、阻燃、耐腐蚀、变色等。

纳米材料

在涂料中加入纳米材料，可进一步提高其防护能力，实现防紫外线照射、耐大气侵害和抗降解等，在卫生用品上应用可起到杀菌保洁作用。在建材产品如玻璃中加入适宜的纳米材料，可达到减少光的透射和热传递效果，产生隔热、阻燃等效果。由于氧化物纳米微粒的颜色不同，这样可以通过复合控制涂料的颜色，克服炭黑静电屏蔽涂料只有单一颜色的单调性。纳米材料的颜色不仅限粒径而变，而具有随角度变色的效应。在汽车的装饰喷涂业中，将纳米材料添加在汽车、轿车的金属闪光面漆中，能使涂层产生丰富而神秘的色彩效果，从而使传统汽

国家体育场顶部增刷了
新型纳米防火涂料以增强防火性能

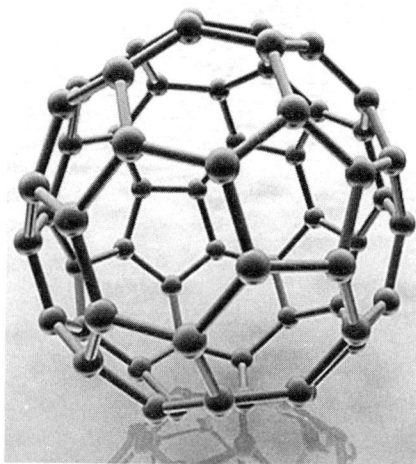

纳米隐身材料

车面色彩多样化。

在化工方面的应用

化工业影响到人类生活的方方面面，如果在化工业中采用纳米技术，将更显示出独特魅力。在橡胶塑料等化工领域，纳米材料都能发挥重要作用。如在橡胶中加入纳米二氧化硅，可以提高橡胶的抗紫外线辐射和红外反射能力；纳米氧化铝和二氧化硅加入到普通橡胶中，可以提高橡胶的耐磨性和介电特性，而且弹性也明显优于用白炭黑作填料的

橡胶。塑料中添加一定的纳米材料，可以提高塑料的强度和韧性，而且致密性和防水性也相应提高。最近又开发了食品包装的二氧化钛，纳米二氧化钛能够强烈吸收太阳光中的紫外线，产生很强的光化学活性，可以用光催化降解工业废水中的有利污染物，具有除净度高、无二次污染、适用性广泛等优点，在环保水处理中有着很好的应用前景。

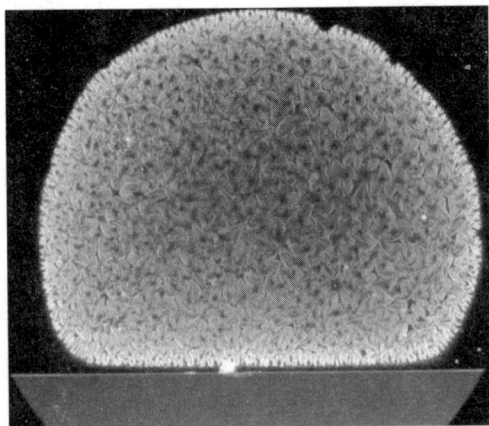

放大 30 倍的碳纳米管

屋面工程——新型环保节能材料的大舞台

建筑的每个部位都有与之相对应的建筑材料。长久以来，人们对屋面材料的认知大都集中在对瓦材的了解上。用传统的观念来看，屋面材料最主要的功能就是防水。因此，千百年来，在缺水的北方，住宅大都是在斜面或平

面的屋顶抹泥即可；而在多雨的南方，则需要在屋顶上铺装排列紧密的泥瓦。世世代代，泥瓦就是屋面唯一的"外衣"。然而为了保护耕地、保护环境、节约能源，我国已限制和逐步禁止使用黏土瓦，极力推广非黏土瓦。

现代建筑的屋面，其功能已不仅仅是为房屋遮风避雨了，不仅要考虑到舒适度，而且还要考虑到环保、隔音、美观等问题。正是这种需要催生出新型屋面材料的问世。屋面工程正在成为新型环保节能材料一展身手的大舞台。质轻、美观、环保、防水防火、隔音隔热的新材料已向现代屋面走来。

国家墙体材料"十五"规划中明确指出："必须大力研究开发具有高效、节能、节土、利废、环保的轻质、高强、保温、隔热、防火型新型复合墙体材料及屋面防水材料。"

根据国际建材发展的流行趋势，屋面材料正向质轻、美观、环保、防水防火、隔音隔热等方向发展。然而，石棉瓦、水泥瓦及近年来兴起的彩钢瓦等都难以在性能方面同

热塑性淀粉变身节能建筑材料

时满足环保和节能的需求。针对传统屋面建筑材料存在的诸多难以解决的问题，为达到"十五"规划中提出的"高效、轻质、节能、节土、利废、环保"的所有功能要求，国内一大批企业开始了屋面复合材料的探索和创新。塑料复合瓦作为一种新型屋面材料正在异军突起。

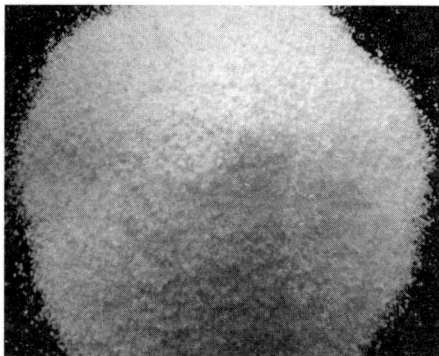

塑料复合瓦

国内许多城市实施"平改坡"工程，为新型屋面材料的快速发展增添了助推力。据国家统计局公布的统计数字，我国房地产开发每年投资额高达上万亿元。房地产投资消费的高速增长给建材行业带来巨大的市场空间。国内绝大部分县、市每年石棉瓦、铁皮瓦等产品的用量都在50万片以上，省会城市的年

用量达上千万片。"平改坡"得到大力推广和应用，为制瓦业带来了无限商机。

新型塑料复合瓦的重要特征是：

1. 主要呈波形状，或呈直线状，或呈下凹弧形状，瓦之正面其一侧边有纵向沟槽；

2. 其另一侧边瓦之背面有可与纵向沟槽相扣合的纵向凸棱；

3. 瓦体由改性塑料和钢或其他纤维复合制成。作为优选方案，瓦体内有钢丝网内衬；

4. 或有隔热保温材料夹心层。

这种新型塑料复合瓦的突出效果是：采用改性塑料制成，且掺使一定量废旧塑料，有利环保，避免了烧泥瓦的土地浪费；采用先进配方工艺，产品阻燃、强度高、韧性好、耐老化、温度特性优、使用寿命长；重量轻，采用钉或粘接等方法安装，结实牢固，防风防震，可基本免除维修，且隔热保温性强。

知识点

纳米二氧化钛

纳米二氧化钛也叫纳米钛白粉，其外观为白色疏松粉末，特点是具有抗紫外线、抗菌、自洁净、抗老化功效，可用于化妆品、功能纤维、塑料、涂料、油漆、精细陶瓷等领域，作为紫外线屏蔽剂，防止紫外线的侵害。此外，还具有很高的化学稳定性、热稳定性、无毒性、超亲水性等，且完全可以与食品接触，所以还被广泛应用于纺织、食品包装材料、造纸工业、航天工业中。

加强用科技手段除污防害

补洞之道

关于影响地球环境全局的臭氧层被破坏问题，各国已达成共识，于1987年签订了"禁止毁坏臭氧层"的蒙特利尔协议书，规定工业国必须在2000年

禁止生产和使用氯氟烃产品，发展中国家的期限延长 10 年。1990 年，大约60 个国家在伦敦签署了到 2000 年停止使用和生产氯氟烃及其他几种制品的协议，美国也在上面签了字。因此，研制氯氟烃等化学代用品，寻找补救臭氧层的方法已成为科学家们的重要课题。

工程师也正在寻找和设计新的制冷设备。一种方法是用普通水作为制冷剂，待运行结束、冷却后，被另一种液体溴化锂吸收，使积累的热量迅速散掉。这些混合液体进入一台锅炉，在那里较易挥发的制冷剂变成气体状态，随后进入冷凝器冷却，还原成液体制冷剂状态。在此期间，这种吸收剂溴化锂在这个系统里不间断地循环。这种方法在日本已得到广泛使用。美国四大制冷设备生产厂——凯利公司、斯奈德通用公司、特兰制冷公司和约克国际公司都在依据日本的设计制造吸收机。

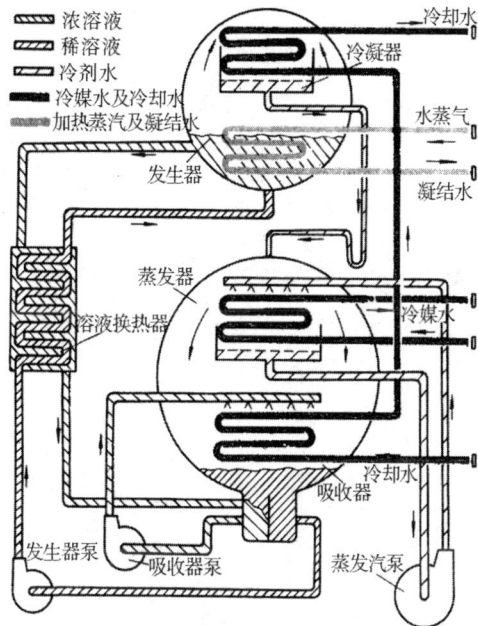

溴化锂制冷技术

另一种方法是由美国马萨诸塞州沃尔瑟姆热电子技术公司发明的固态致冷法。它以热电偶现象为基础，将一个装置内电路的两块半导体材料联结起来，当一端受冷，另一端受热，两端由此产生电压。相反，如果增加一个电荷，这种材料要么变热，要么变冷，这取决于电流的方向。正是利用这个原理，该公司着手制造一种厚度不超过 5.08 厘米的空调机样机。这种空调机表面积依房间面积大小而定。这台样机长 45.72 厘米、宽 30.48 厘米，打算把它装在墙上或窗前。但是，这种空调机的热电偶材料碲化铋和碲化铅很脆弱，工程师们不得不给它们加套，以保证它们正常工作。而且，其热电效率只有10% ~ 15%，低于以压缩机为基础的空调机 25% ~ 30% 的热电效率。工程师们正在为提高其热电效率、降低成本而努力。

汽车污染净化研究

汽车是另一个重要的大气污染源。据统计，进入欧洲大气层的氧化氮，42%是汽车造成的。此外，汽车还排放肮脏的碳氢化合物和一氧化碳。科学家们正在研究减少汽车废气的净化器。

欧共体规定，1992年所有新车必须配备诸如催化转换器之类的新技术产品。但是，由于开始时抑制污染物的催化转换器尚未加热到工作状态，因而在最初几分钟内排出的仍然是未经处理的污染物。为解决这个问题，美国科宁公司推出了一种新产品，给催化转换器安装电预热器。经测试，其排放的非甲烷烃类和一氧化碳气体还不到加利福尼亚州为1997年型汽车制定标准限量的50%，也符合对氮氧化物排放的规定。但美中不足的是，这种装置外加一个金属栅，其能量来自一个电池组，增加了汽车的重量和提高了汽车的成本。科宁公司为此正在与汽车公司合作，努力减少所需能量，实现实用化。

雷诺推出电动汽车

从20世纪80年代中期开始各大汽车公司认识到生态环境问题的重要性，纷纷研究和开发无污染汽车新产品。其中，电动汽车就是其中之一。例如，雷诺汽车公司从1986年开始研究电动汽车，1997年投入市场。标致汽车公司于1990年已开始出售"J—5"型电动汽车。最近又宣布投入10亿法郎研制新型电动车。菲亚特、沃尔沃、巴伐利亚等欧洲汽车公司都制定了生产电动汽车的计划。在美国，通用公司、福特公司、克莱克斯三大公司联合组成财团，为制造电动汽车已获得政府资助3.5亿美元。加利福尼亚州规定，所有汽车厂从1998年开始，"无污染汽车"的产量应占生产总量的2%，到2003年为5%，2005年达10%。

石油环保技术的研究开发

进入 21 世纪，石油加工科学技术的首要任务仍然是为了生产质优价廉的产品而研究开发新技术、新产品，其中环保技术是需要研究解决的一大课题。保护人类赖以生存的生态环境是全世界的呼声。一些国家对石油加工工业环保要求越来越高，为了达到这些要求所采取的措施耗资会很大。

一个不排放有污染的废水、废气、废物，不造成噪声的石油加工厂将是 21 世纪的目标。为此应在现有环保技术的基础上，进一步研究开发无泄漏、不排放的工艺流程和设备。对污水和废气的处理可考虑研究开发高效吸附剂或离子交换树脂，回收低浓度的排放物质。对噪音的处理：1. 要求机械制造工业发展低噪音的机械；2. 从设备安装上寻找噪音源并寻求解决办法；3. 邀请声学专家共同研究如何防止噪音的传播。

炼油工业另一个重要的环保任务，是提高发动机燃料的质量，以求减少排气中氮、硫的氧化物和一氧化碳、烃类以及铅的含量。根据国外环保要求，汽油和柴油的氢含量应高，芳烃和外烃含量应低，还不能加铅。这就需要炼油科研工作者对现有催化裂化、重整、加氢等技术沿着少产芳烃、多产异构烷烃这个方向加以提高，同时探索发展新的加工工艺和催化剂，比如高异构化性能的减压馏分加氢裂化催化剂。有关内燃机排气污染问题，不少人认为解决的办法从改进发动机设计入手比从改进燃料入手更为有效。促进发动机设计部门与燃料研究部门共同研究解决这个问题是重要举措。

炼油和石化领域可进行探索和创新的课题很多，但要得到推广应用，开发的成果无论是产品、工艺或催化剂，都必须比国内外现有的在质量和成本上有明显的优势才有实现可能。

知识点

离子交换树脂的主要应用

（1）水处理。离子交换树脂在水处理领域的需求量很大，约占其产量的 90%，主要用于水中的各种阴阳离子的去除，目前，多用在火力发电厂的纯水处理上。

（2）食品工业。离子交换树脂可用于糖、味精、酒的精制、生物制品等工业装置上。例如，高果糖浆的制造是由玉米中萃出淀粉后，再经水解反应，产生葡萄糖与果糖，而后经离子交换处理，可以生成高果糖浆。

（3）石油化学工业。在有机合成中常用酸和碱作催化剂进行酯化、水解、酯交换、水合等反应。用离子交换树脂代替无机酸、碱，同样可进行上述反应，且优点更多。如树脂可反复使用，产品容易分离，反应器不会被腐蚀，不污染环境，反应容易控制等。

（4）环境保护。许多水溶液或非水溶液中含有有毒离子或非离子物质，这些可用离子交换树脂进行回收使用，如去除电镀废液中的金属离子，回收电影制片废液里的有用物质等。

（5）其他。离子交换树脂可以从贫铀矿里分离、浓缩、提纯铀及提取稀土元素和贵金属。

用海洋封存二氧化碳

海洋封存二氧化碳，是控制化石燃料燃烧导致气候变化的有效手段。地球上三个主要的天然碳储层（海洋、陆地、大气）中，海洋碳储层的储量到目前为止是最大的，海洋碳储层的储量比陆地碳储层要高出数倍，而陆地碳储层的储量要大于大气碳储层的储量。因此，海洋的开发空间潜力巨大。

目前，利用海洋封存二氧化碳的方法至少有两种：1. 从大规模工业点源捕集二氧化碳并把二氧化碳直接注入深海；2. 通过添加营养素使海洋肥化来增强大气二氧化碳的捕捉和提取。上述两种方法在原理上存在较大差异，但是两种方法均能提高海洋储层封存碳的速率，从而减少大气储层所承受的碳负荷。目前海洋肥化方面仍存在极大的不确定性，因此国际上把注意力更多地放在第一种方法上。

全球海洋较温暖的表层海水二氧化碳呈饱和状态，而低温深层海水是不饱和的，且具有巨大的二氧化碳溶解能力，这表明深层海水具有巨大的碳封存能力。把大气中的二氧化碳天然"泵送"到深层海水存在两种机理：

1. 溶解泵。二氧化碳更易溶解于高纬度海区的低温、高密度海水中，这些高密度海水将下沉至海底。这就导致海水出现"温盐环流"现象，为此，

在北大西洋的低温深层海水（富含二氧化碳）向南流经南极洲，最终在印度洋和赤道太平洋上翻，变成表层海水。在那里，二氧化碳再次释放到大气中。同样，南极深层水在上涌至表面之前在南极洲周围循环，然后从高纬度海区高密度海水下沉到重现于热带海区表面，这之间的时间间隔估计为1000年。

2. 生物泵。海洋中的植物吸收表层海水中溶解的二氧化碳，通过光合作用维持生命。浮游植物的生长和繁殖速度常取决于营养素的利用率。浮游植物的尺寸仅为1~5毫米，海洋浮游动物通常能快速吃掉这些浮游植物，而这些浮游动物也将依次被较大的海洋动物捕食。表层海水中超过70%的这种有机物质可以再循环，但深层海水的平衡主要是通过微粒有机物质的沉淀来完成。所以，这种生物泵把二氧化碳从表层海水向深层海水运送，并有效地把二氧化碳封存于局部深层海水区域。大多数这种有机物质都通过细菌再矿化而释放出二氧化碳，最终这些二氧化碳将又返回至表层海水，完成一个循环。这个过程所需的时间间隔大约也是1000年。

用等离子技术处理垃圾

垃圾蕴含的能量存在于它的化学键当中。等离子气化技术已经发展了数十年，用这种技术可以把垃圾中的能量提取出来。这个过程在理论上很简单：当电流穿过封闭容器内的气体（通常是普通空气）时，会产生电弧和超高温等离子体，也就是离子化的气体，温度可达7000℃，甚至比太阳表面还热。这个过程如果发生在自然界中，就被称为"闪电"，因此从字面上说，等离子气化其实就是发生在容器中的人工闪电。

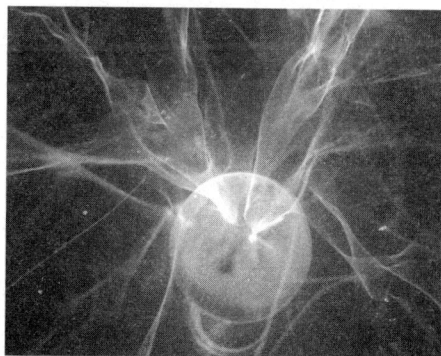

等离子体

等离子体的极高温度可以破坏容器中任何垃圾的分子键，从而将有机物转化为合成气（一种一氧化碳和氢气的混合物），其他物质则变成类似玻璃体的熔渣。合成气可以用在涡轮机中作为燃料进行发电，也可以用来生产乙醇、甲醇和生物柴油；熔渣则可以加工成建筑材料。

过去，气化法在成本上还难以跟传统的城市垃圾处理方法相竞争。但逐渐成熟的技术使这种方法的成本不断降低，同时能源的价格也在不断攀升。现在"两条曲线已经相交了——把垃圾送到等离子体处理厂处理变得比堆成垃圾山要便宜了"，美国佐治亚理工学院等离子体研究所所长路易斯·齐尔切奥说。

2009年夏初，垃圾处理业巨头废物管理公司开始与InEnTec公司展开合作，将InEnTec公司的等离子体气化设备投入商业使用。它们正在美国的佛罗里达、路易斯安那和加利福尼亚3个州建设大型试验工厂，每个工厂日处理垃圾的能力超过1000吨。

等离子体也并非完美无缺。虽然玻璃体熔渣里隐含的有毒重金属已经通过了美国环保局的可浸出标准（日本和法国在很多年前就已经使用这种东西作为建筑材料），但社区对于建造这样一个工厂还是心存疑虑。合成气发电的碳足迹小于燃煤发电。齐尔切奥介绍说："用等离子体处理1吨垃圾，相当于把排放到大气中的二氧化碳减少了2吨。"但这个方法还是会增加温室气体的净排放。

虽然事情不可能尽善尽美，不过美国环保局统计过，如果美国所有城市固体垃圾都用等离子体处理并发电的话，就能提供全国用电需求总量的5%～8%——相当于大约25座核电站或目前所有水电站的发电量。

目前，国外等离子体弧废物熔融技术在熔融医疗垃圾、城市垃圾（用此技术最佳规模可日处理1000吨城市垃圾，发电20兆瓦）、焚烧飞灰等领域已进入实际运用阶段。预计到2020年，美国的垃圾日产量将达100万吨。因此利用等离子体技术从垃圾中回收部分能量的做法将变得越来越重要。

发展洁净煤技术

在我国还制定了洁净煤技术发展战略。中国是世界上最大的煤炭生产国和消费国，传统的煤炭开发利用方式导致严重的煤烟型污染，已成为中国大气污染的主要类型。由于这种以煤为主的能源格局在相当一段时期内难以改变，发展洁净煤技术是现实的选择。

洁净煤技术是指从煤炭开发利用的全过程中，旨在减少污染排放与提高利用效率的加工、燃烧、转化及污染控制等新技术。主要包括煤炭洗选、加工（型煤、水煤浆）、转化（煤炭气化、液化）、先进发电技术（常压循环流

化床、加压流化床、整体煤气化联合循环)、烟气净化(除尘、脱硫、脱氮)等方面的内容。

目前洁净煤技术作为可持续发展战略的一项重要内容,受到了中国政府的高度重视,其发展已被列入《中国21世纪议程》。

中国政府制订适合国情的洁净煤技术发展战略主要包括:

一是注重经济与环境协调发展,重点开发社会效益、环境效益与经济效益明显的、实用而可靠的先进技术;二是要覆盖煤炭开发和利用的全过程;三是重点针对多终端用户,主要是电厂、工业炉窑和民用3个领域。同时,应把矿区环境污染治理放在重要的位置。

根据《中国洁净煤技术"九五"计划和2010年发展纲要》,中国洁净煤技术主要包括煤炭加工、高效洁净燃烧和发电、煤转化、污染排放控制及废弃物处理4个领域,涉及煤炭、电力、化工、建材、冶金5个主要行业。当前选择14项技术,并按3个层次组织实施,即优先推广一批技术成熟、在近期能够显著减少烟煤污染的技术(如选煤、型煤、配煤、烟气脱硫等);示范一批能在20世纪末或21世纪初实现商业化的技术(如增压循环流化床发电、大型循环流化床、工业型煤等);研究开发一批起点高、对长远发展有影响的技术(如煤炭液化、燃料电池等)。

近年来,沸腾床的燃烧技术引起了各国的注意。它是在鼓风的条件下,煤粉在炉膛内的一定高度上沸腾燃烧,同时加添石灰石或白云石,以脱去煤里90%以上的硫,减轻对大气的污染。

为了消除煤尘,各国目前大多采用除尘器、惯性力除尘器、离心力除尘器等装置。我国广泛使用的是离心力除尘器,其特点是结构紧凑,占地少,造价低,维修方便,能除去10微米以上的尘粒,除尘率达80%以上。另外,还有一种高效率静电除尘装置,其除尘率达99.9%以上。

解决煤炭含硫造成的污染是洁净煤技术的重点课题之一。从中国的实际出发,应实行统筹规划、合理分工,以国家发布的排放标准为依据,以经济实用为目标,寻求各种脱硫措施的合理组合,体现煤中硫生命周期全过程控制的指导思想。首先应限制高硫煤的开采和使用,目前中国高硫煤总产量约为 9600×10^4 吨,仅为煤炭总产量的7%,但其燃烧排放的二氧化硫却占燃煤二氧化硫排放总量的20%左右。限制高硫煤开采总体上不会影响中国能源生产和消费结构的平衡，是减排二氧化硫的有效措施。其次可通过煤炭洗选加工脱除 50% ~70% 的黄铁矿硫；燃烧中固硫包括燃用固硫型煤或配煤和采用循环流化床锅炉实现炉内脱硫；烟气净化脱硫。

·····**➤➤ 知识点**

脱　硫

　　脱硫一般分为烟气脱硫和橡胶专业的脱硫。烟气脱硫是指除去烟气中的硫及化合物的过程，主要是指脱去烟气中的一氧化硫和二氧化硫。橡胶专业的脱硫是制造再生胶过程的一道主要工序，是指采用不同加热方式并应用相应设备使废胶粉在再生剂参与下与硫键断裂获得具有类似生胶性能的化学物理降解过程。

▎▎▎大力发展科技节能技术

构建节能网络

　　环境问题现在已经日趋严重，人们在享受 IT 技术与产品所带来的巨大便利的同时，已经越来越重视 IT 产品的绿色环保和节能问题。

　　最近，国际著名网络设备和解决方案提供商 D—Link，推出了 6 款绿色以太网环保节能千兆交换机，其平均节能达到 30%，最大节能可达 50%。新推出的这 6 款交换机不仅强调绿色环保和节能，其性能与操作性也十分优异，从而可为环境保护和用户带来双赢的结果。

　　DGS—10XX 系列交换机采用了环保节能

绿色与节能

技术，可以自由检测计算机的开闭情况，如果网络上的计算机关机，交换机会将相对应的端口自动切换到待机模式，从而减少能源消耗并降低产品运行时所产生的热能，同时还可延长设备的生命周期。此外，该技术的另一个节能特性是在不损失交换机使用性能的前提下，可以根据线缆的长度调节能源，也就是交换机通过分析线缆的长度对能源进行调节。

由于家庭或 SOHO 用户所使用的线缆长度大多少于 20 米，因此使用 D—Link新推出的采用绿色地球系统环保节能技术交换机，可以自动侦测线缆长度，并提供相应的工作用电量，使能源消耗大幅度降低，从而达到节能及环保的目的，同时还能帮助用户减少"不必要的"的开销，降低使用成本。

英国政府技术战略董事会首席技术专家在伦敦举行的"2009年革新技术展"上表示，一个由超高速宽带连接起来的新社区网络将于 2010 年在英国进行试验，这是英国政府的"数字英国"战略的一部分，该超高速宽带网络可提供外部网络所不能提供的一些服务，将在多个领域大有作为。

格拉斯哥大学科学家通过使

绿色网络

用现场可编程逻辑门阵列芯片系统，以高出目前标准处理器20倍的速度完成文档检索，其每个芯片只需消耗 1.25 瓦的电能，而安腾处理器则需消耗 130瓦，大幅降低了使用网络搜索的碳排放量，从而向构建"绿色节能网络"又迈进一步。

实行"汽车共享"

汽车是用能大户。实行"汽车共享"，提高汽车的使用效率，是荷兰阿姆斯特丹的节能高招。在阿姆斯特丹，"汽车共享"公司的客户需要用车时，只要上网预订一辆停在附近的"共享汽车"，轻敲键盘，相关信息就会通过无线系统自动传输到所预订汽车的电脑接收器内，客户的个性化密码钥匙与密码也同时得到了确认。届时，客户只要找到所订汽车，打开汽车泊位旁的一个密码箱，取到汽车钥匙，就可轻松前往目的地，用完之后再将汽车停回指定地点，交通问题就这样解决了。

在阿姆斯特丹市中心星罗棋布的运河边，共有 300 多处开办共享业务的"绿色车轮"公司事先租下的停车区。住在市中心的客户一般只要走两个街区就能找到该公司统一配置的红色标致 206。这是目前西欧地区非常流行的节能省油小型车。

据介绍，这种"汽车共享"最大的好处是省钱、节能、环保。阿姆斯特丹市中心汽车泊位非常紧张，私家车主一般要等 6 年才能得到市中心的泊位许可。市中心的停车费之贵也着实令人咋舌，每小时的停车费高达 3.4 欧元。以一辆"共享汽车"来代替私家车，购车、保险、停车等费用可一并免去，而且还非常省心。另外，还可节约大量能源。有统计显示，1 辆充分发挥效用的"共享汽车"大约可以替代 4 ~ 10 辆私家车，如果平均到每位顾客，则相当于人均减少 30% ~ 45% 的驾驶千米数，节能效果非常可观。

还有，可减少大量废气排放。据荷兰研究环保问题的学者兰斯·梅坎普调查，"绿色车轮"公司 50% 以上的客户使用这种"共享汽车"来替代私家车，这样可减少 40% 的汽车废气排放，环保作用显而易见。目前，"汽车共享"也已开始在瑞士和德国的许多大城市流行，欧盟也准备力促这种节约理念在欧洲进一步推广。

推广"能源明星窗"计划

美国人口约 2.5 亿人，近 2/3 的家庭有自己的房屋，人均住房面积近 60 平方米，居世界首位，其中大部分住宅都是三层以下的独立房屋，拥有客厅、卧室、厨房、浴室、贮藏室、洗衣室、车库等，热水、暖气、空调设备齐全，而且暖气、空调全部是分户设置。正因为美国住宅的这些特点，电力、煤气、燃油等能源是美国家庭日常开销的一个主要部分。据统计，近年来美国住房每年消耗能源折合约 3500 亿美元；美国平均每个家庭每年用于取暖和空调制冷方面的能源开支占其能源总开支的 40% 以上。

为了节约能源，美国一直致力于提高门窗的各项技术性能。据测算，美国最近提出的"能源明星窗"计划比普通窗节约能源 40% 左右。能源明星窗采用新的窗体材料，其中包括 Low - E 玻璃、中空玻璃、温暖边缘技术等。

　　与采用单层玻璃的房屋、建筑相比，使用中空玻璃的楼房能改善隔热、散热性能。如使用两片由低辐射镀膜玻璃所组成的中空玻璃的话，节能、降耗的效果将更加明显。

　　Low—E 玻璃也叫做低辐射镀膜玻璃，是指表面镀上拥有极低表面辐射率的金属或其他化合物组成的多层膜层的特种玻璃。Low—E 玻璃是一种绿色、节能、环保的玻璃产品。普通玻璃的表面辐射率在 0.84 左右，Low—E 玻璃的表面辐射率在 0.25 以下。这种不到头发丝百分之一厚度的低辐射膜层对远红外热辐射的反射率很高，

低辐射镀膜玻璃

能将 80% 以上的远红外热辐射反射回去，而普通透明浮法玻璃、吸热玻璃的远红外反射率仅在 12% 左右，所以 Low—E 玻璃具有良好的阻隔热辐射透过的作用。冬季，它对室内暖气及室内物体散发的热辐射，可以像一面热反射镜一样，将绝大部分反射回室内，保证室内热量不向室外散失，从而节约取暖费用；夏季，它可以阻止室外地面、建筑物发出的热辐射进入室内，节约空调制冷费用。Low—E 玻璃的可见光反射率一般在 11% 以下，与普通白玻璃相近，低于普通阳光控制镀膜玻璃的可见光反射率，可避免造成反射光污染。

　　以铝隔条做的中空玻璃，可以达到密封寿命长的特点，但缺点是边缘传导性能高致使节能效果差。而一些边缘热传导性能低的隔条制作的中空玻璃，虽显著提高了节能效果，但不幸的是同时减少了密封寿命。20 世纪 80 年代末，美国边缘技术中空玻璃有限公司成功地开发并制造了超级间条，以该项技术制作的中空玻璃第一次同时解决了保证中空玻璃的密封性能和降低隔条的热传导性的这一对矛盾。其产品质量通过了国际上最严格的挪威 NBI 检验。

　　国际上通常将中空玻璃的边部 6.35 厘米范围定义为玻璃边缘，由于铝隔条的绝缘效果差而导致边缘的导热系数高而使边部出现结雾，而温暖边缘技术则能够很好地解决这一问题。

实行智能家居系统

智能家居系统

不论在家里的哪个房间，用一个遥控器便可控制家中所有的照明、窗帘、空调、音响等电器。例如，看电视时，不用因开关灯和拉窗帘而错过关键的剧情；卫生间的换气扇没关，按一下遥控器就可以了。遥控灯光时可以调亮度，遥控音响时可以调音量，遥控拉帘或卷帘时可以调行程，遥控百叶帘时可以调角度。在卫生间、壁橱安装感应开关，有人灯开、无人灯灭。

这就是传说中的智能家居系统。世界上最早的智能建筑是在美国诞生的，之后加拿大、澳大利亚、欧洲和东南亚等经济比较发达的国家和地区先后开始开发智能建筑和智能家居产品，而且也使世界其他国家的众多企业参与竞争智能家居这个市场。

智能家居是信息时代和计算机应用科学的产物，是现代高科技、现代建筑与现代生活理念的完美结合。

智能家居系统就主要通过各种定时事件管理、"人来灯亮、人走灯灭"感应控制功能、亮度传感器灯光亮度自动检测、温湿度传感器自动控制中央空间及地热系统等核心手段，实现照明节能、电源插座节能、大功率电器能源节能等。而聚

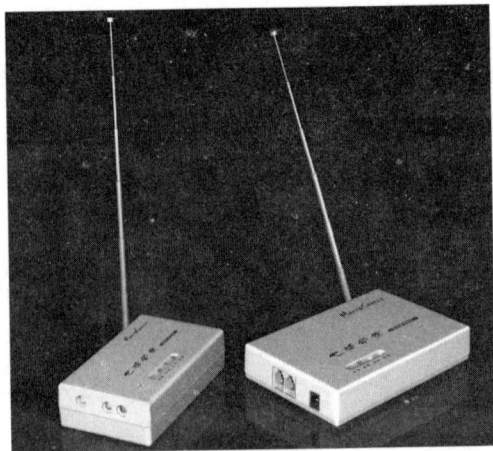

电话管家智能家居系统

晖的智能家居系统则可以通过"场景控制"功能来实现管理节能，即只要按一个键就可以让系统节能操作。

然而，针对智能家居系统而言，"绿色节能"并不仅仅指在产品材料上的控制能耗，更重要的是要实现系统管理上的节能，即通过使用智能家居系统去转变和改善人们的生活方式、习惯，从而在日常生活中实现"绿色节能"。

环境污染治理和环境保护并行

HUANJING WURAN ZHILI HE HUANJING BAOHU BINGXING

多年的经验告诉我们，环境污染治理要防治结合，不但要精心治理现今存在的问题，还要未雨绸缪，提早预见、提早预防尚未出现的环境问题，及时采取得力措施防止问题出现。在防治的同时，更要注重对环境的保护，如果保护措施开展得及时有力，则不会出现或者至少能够降低环境问题的程度。保护好环境就是保护好自然的再生产能量，也就是保护人类社会经济再生产的基础。因此，保护环境是关乎人类命运的大事，一定要做好。

防治大气污染的举措

大气污染的防治是一个庞大的系统工程，需要个人、集体、国家，乃至全球各国的共同努力，在大气污染的防治中，可考虑采取如下几方面措施：

（一）减少污染物排放

直接的方法可以改造锅炉、改进燃烧方法。从根本上改革能源结构，多采用无污染能源（如太阳能、风能、水力发电）和低污染能源（如天然气）。

地热能是当今世界发展较快的清洁能源之一。地热能量相当于地球上全

部煤贮量的 1.7 亿倍，而且地热电站一般不需要庞大的燃料运输设备，也不排放烟尘。地热蒸汽发电排放到大气中的二氧化碳量远低于燃气、燃油、燃煤电厂。但地热电站释放的硫化氢等有害气体对大气也会造成一定程度的污染，其含盐废水、噪音以及因其而造成的地面沉降（虽不严重）等，也形成了一定的危害。

（二）消除燃料中硫的污染

工厂排放的烟、尘是大气污染最重要的来源。因此，防止大气污染的重点是消除工厂的烟尘。消除黑烟可以通过充分燃烧的途径解决。锅炉是烧煤的主要热工设备。因此，关键是改进锅炉结构和烧煤方法。

燃料中的硫对大气造成的污染很严重，常用的方法有两种：①对燃料进行预处理，如烧煤前先进行脱硫；②在污染物未进入大气之前，使用除尘消烟技术、冷凝技术、液体吸收技术、回收处理技术等消除废气中的部分污染物，可减少进入大气的污染物数量，如从排烟中除去二氧化硫。

（三）控制汽车排气和生产无公害汽车

1972 年美国已有约 85% 的汽车装上了净化装置。1975 年西方国家铂产量的 1/10 已用于美国汽车排气控制系统。日本对汽车废气主要采取延迟点火时间的方法，使氮氧化物排放量减少 30% ~ 40%。1970 年法国已开始使用电动汽车。美国将大量生产镍锌电池作能源的汽车，尽量减少汽车排放的有害气体。

以镍锌电池为能源的车

（四）绿化造林

绿化造林是防治大气污染较为经济而有效的措施，因为植物具有过滤各种有害气体、净化大气、减弱噪声、调节气候、美化环境的功能。森林植被不但可以提供木材，而且还能防止水土流失，预防风沙、干旱、洪涝等自然灾害。

绿色植物在进行光合作用时，吸收空气中的二氧化碳，放出氧气。通常

绿化造林

10000 平方米阔叶林，在生长季节，一天大约能吸收 1000 千克二氧化碳，同时放出 730 毫升氧气。正常成年人，每分钟呼吸 16～18 次，若每次呼出或吸入空气 500 毫升，吸入的空气中约含氧气 21%、二氧化碳 0.03%；呼气中约含氧气 16%，二氧化碳 3.4%～4.4%。如果按每人每小时吸入氧气约 31.5 克，排出二氧化碳约 38 克，每天呼吸需吸入氧气 0.75 千克、排出二氧化碳 0.91 千克计算，那么一个人只要有 10 平方米森林绿化面积就能把一天呼出的二氧化碳全部吸收，并供给所需要的氧气。生长良好的草坪，在进行光合作用时，每平方米草坪一小时能吸收 1.5 克二氧化碳，因此如果有 25 平方米的草坪，也能把一个人在一小时呼出的二氧化碳全部吸收。

总之，绿色植物具有制造氧气、吸收有害气体、阻留粉尘、杀灭病菌的功能，对人体健康有良好的影响。所以植树造林是科学而又经济的防治大气污染的好方法。

知识点

液体雾化吸收氧化技术

液体吸收技术是异味气体处理中常规方法之一，具有处理效果好、操作方便等优点，液体雾化吸收氧化技术将液体吸收和氧化结合在一起，即在传统化学吸收液中添加了高效复合氧化，使反应装置既具有液体吸收的功能，又具备化学氧化的快捷作用，并转变传统的液体喷淋的方式，采用液体雾化方式以增大吸收氧化液与恶臭物质的接触机会，增强吸收和氧化牧果，从而使气阻和设备体积大为减少。

防治水污染和水资源短缺的措施

水是生命之源。长久以来，我们都以为水是取之不尽、用之不竭的，直到今天，我们才知道要珍惜水资源。针对世界水资源的污染和短缺，我们要做到防治结合，既要治理、回用废水，将其资源化，又要防止水的进一步污染和浪费。

建立节水型社会

水资源的安全，大有文章可做，好的水资源保护和政策利用，可以督促人们保护和合理利用水资源，有利于缓解水资源的供求矛盾，确保水资源的安全。相反，水资源就会遭到破坏和浪费，水资源的安全程度就会遭到威胁。

以色列因为缺水，实行了管道调水工程，水价高到 14 美元/立方米，折合人民币 116 元/立方米，是中国水价的 28 倍。以色列围绕获取水源采取扩张军事手段，占领大片阿拉伯领土，阿以冲突更为复杂，20 世纪 60 年代以色列实施国家引水工程，阿拉伯国

如果鱼儿没有了水

家为了与之抗争，实施了自己的河水改道工程，最后成了中东第三次战争的重要起因。此外，叙利亚、伊拉克同土耳其之间争夺水资源的斗争也十分激烈，这种斗争将会引起国际冲突。这些例子屡见不鲜。

我国是人口大国，缺水问题特别严重，进行节水革命刻不容缓，节水革命就是要建设节水城市、节水工业、节水农业，建立节水生活方式和建设节水型社会。

请节约每一滴水

第一，培养全民的节水意识，狠抓节水宣传，要革命就要制造革命的舆论，进行节水革命就必须从节水意识抓起，要让全国人民都知道我国水资源匮乏的实际，重视紧迫感，通过各种媒体大力宣传国情和水情，讲透节约用水的重要性，把节约用水、保护水体作为一种社会公德，增强公民节水的使命感、责任感，让大家都为节水型社会建设作贡献。为实现人水和谐相处的最终目标，在日常生产和生活全过程中，人人必须树立节水意识和观念，排斥那些毫不吝啬地浪费水资源、满不在乎地污染水资源的行为。

第二，重视水资源的保护和管理。搞好水资源的保护和管理是进行节水革命的重要一环，为此，要打破现在多龙治水的局面，改变部门地区分隔管理的现状，要强化水源的开发保护、监督和管理，水资源管理部门要制定国内河流、水库和地下水的开采办法，落实保护措施，研究和出台用水规定、节水政策和节水法规。

第三，加强节水技术的研究和开发。节水革命一定要狠抓研究和技术创新。近年来，德国经过研究使棉纺厂用水节省80%，在居民用水方面美国水务局对7.4万居民安装节水型水池，澳大利亚和瑞典专门研究厕所用水，降低用水分别达到80%和84%，此外中水、雨水也在世界许多地方得到推广和使用。在农田用水方面，用滴灌、机灌代替漫灌水，提高利用率，减少淡水用量，提高农作物产量，这些例子充分说明节水方面有很多可以创新的地方，节水的研究可以大有作为。

第四，制定水价政策，推动水价改革。要推动节约用水就要充分发挥水价的经济杠杆作用，要改变低水价造成的错误导向，要促进人们节水意识的增强，也有利于节水科技产品的开发和推广。

第五，扶持清洁产业。在新世纪，清洁产业的新概念是：从原料选择到产品设计，从产品设计到工艺设计，从产品销售到产品维修，从产品使用到产品废弃，都要考虑到选择适宜原材料，尽量节约原材料，减少废弃物，不增加污染，不断促进废弃物的利用和资源循环。国家通过征税来扶持清洁产业，对于企业减少排污有很大的作用。

第六，严格治理污水和垃圾，防治污染水体。为了减少污染和垃圾对水体的污染，必须加强管理，除了严禁不达标污水排入江河湖海外，还要加强垃圾处理的管理。当前全国各地垃圾围城十分严重，对地下水的污染极其严重，对此必须引起高度重视，以保护江河与地下水资源的卫生。

第七，开发利用污水资源，发展中水处理、污水回用技术。

地埋式中水处理设施

城市中部分工业生产和生活产生的优质杂排水经处理净化后，可以达到一定的水质标准，作为非饮用水使用在绿化、卫生用水等方面。

水资源的短缺和污染已成为我国可持续发展的瓶颈，成为未来20年我国实现全面建设小康社会目标所面临的重大挑战之一。建设节水型社会是解决我国干旱缺水问题最根本、最有效的战略举措。

废水处理的科学方法

废水中污染物多种多样，废水处理就是利用各种技术措施将各种形态的污染物从废水中分离出来，或将其分解、转化为无害和稳定的物质，从而使废水得以净化的过程。

根据所采用的技术措施的作用原理和去除对象，废水处理方法可分为物理处理法、化学处理法和生物处理法三大类。

物理处理法

目前，各国对水污染大多采取净化处理的办法，最便宜的是滤去沙砾，除去浮渣，使其他杂质沉入淀池底，形成污泥。也就是物理处理法。废水的物理处理法是利用物理作用来进行废水处理的方法，主要用于分离去除废水中不溶性的悬浮污染物。

（1）沉淀法

沉淀法在当今的废水处理中应用广泛。沉淀法的基本原理是利用重力作用使废水中重于水的固体物质下沉，从而达到使之与废水分离的目的。这种工艺处理效果好，并且简单易行。

沉淀法一般需要多道工序、逐渐净化：

①在沉砂池去除无机砂粒；

②在初次沉淀池中去除重于水的悬浮状有机物；

③在二次沉淀池去除生物处理出水中的生物污泥；

④在混凝工艺之后去除混凝形成的絮凝体；

⑤在污泥浓缩池中分离污泥中的水分，浓缩污泥。

（2）气浮法

用于分离比重与水接近或比水小，靠自重难以沉淀的细微颗粒污染物。其基本原理是在废水中通入空气，产生大量的细小气泡，并使其附着于细微颗粒污染物上，形成比重小于水的浮体，上浮至水面，从而达到使细微颗粒与废水分离的目的。

（3）离心分离

使含有悬浮物的废水在设备中高速旋转，由于悬浮物和废水质量不同，所受的离心的不同，从而可使悬浮物和废水分离。根据离心力的产生方式，离心分离设备可分为旋流分离器和离心机两种类型。

生物处理法

物理处理法的缺点是留有至少50%的耗氧杂质在水中，而且留下大量污泥。因此，最受欢迎的是利用微生物、细菌、霉菌、酵母菌和一些原生物，使污水中的有机物分解为二氧化碳、水、硫酸盐等简单的无机物，达到污水

净化的目的。

在自然界中，栖息着巨量的微生物。这些微生物具有氧化分解有机物并将其转化成稳定无机物的能力。废水的生物处理法就是利用微生物的这一功能，并采用一定的人工措施，营造有利于微生物生长、繁殖的环境，使微生物大量繁殖，以提高微生物氧化、分解有机物的能力，从而使废水中的有机污染物得以净化的方法。

造纸废水生物处理回用

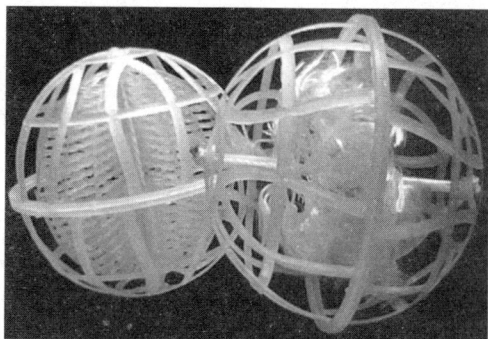

生物膜处理材料——悬浮球

不同的微生物可以净化不同的污水。芽孢杆菌能消除污水中的酚，耐汞杆菌能吸收污水中的汞。有一种细菌能把滴滴涕转变成溶于水的物质，消除毒性。真菌可以吃掉浮在水面上的油类。枯草杆菌、马铃薯杆菌能消除己丙酰胺。溶胶假单孢杆菌可以氧化剧毒的氰化物。红色酵母菌和蛇皮癣菌对聚氯联苯有分解能力。

根据采用的微生物的呼吸特性，生物处理可分为好氧生物处理和厌氧生物处理两大类。根据微生物的生长状态，废水生物处理法又可分为悬浮生长型（如活性污泥法）和附着生长型（生物膜法）。

（1）好氧生物处理法

好氧生物处理是利用好氧微生物，在有氧环境下，将废水中的有机物分解成二氧化碳和水。好氧生物处理处理效率高，使用广泛，是废水生物处理中的主要方法。好氧生物处理的工艺很多，包括活性污泥法、生物滤池、生物转盘、生物接触氧化等工艺。

（2）厌氧生物处理法

厌氧生物处理是利用兼性厌氧菌和专性厌氧菌在无氧条件下降解有机污染物的处理技术，最终产物为甲烷、二氧化碳等。多用于有机污泥、高浓度有机工业废水，如啤酒废水、屠宰厂废水等的处理，也可用于低浓度城市污水的处理。污泥厌氧处理构筑物多采用消化池，最近20多年来，开发出了一系列新型高效的厌氧处理构筑物，如升流式厌氧污泥床、厌氧流化床、厌氧滤池等。

（3）自然生物处理法

自然生物处理法即利用在自然条件下生长、繁殖的微生物处理废水的技术。主要特征是工艺简单，建设与运行费用都较低，但净化功能易受到自然条件的制约。

用微生物处理废水一般采用活性污泥法、塔式生物过滤法、生物转盘法、氧化塘法等。尽管微生物的本领奇妙，但它们对通气性、酸碱度、营养物、温差等都有一定的要求。因此，使用时一定要掌握好它们的生长规律。

化学处理法

经过微生物处理后，水中仍留下比较复杂的化学污染物，而且还不能除掉不断增加的氮和磷，因此，人们经常通过化学方法继续净化污水。

所谓化学处理法，是利用化学原理消除污染物，或者将其转化为有用的物质。经常使用的办法是中和、氧化还原、混凝、电解等。例如，美国加利福尼亚州的大和湖是一个非常深而景色秀丽的湖，但它受到兴旺旅游业的威胁。政府为此在那里兴建了一个处理工厂，每天吸取750万吨湖水，除去普通的污染和污泥后，用石灰除去磷，并在解吸塔中吹出氮（它在污水中通常是以氨的形式出现），然后使水首先通过分离床除去残余的磷，最后通过活性炭吸附掉大部分留下来的化学物质。

（1）中和法

中和法是利用化学方法使酸性废水或碱性废水中和达到中性的方法。在中和处理中，应尽量遵循"以废治废"的原则，优先考虑废酸或废碱的使用，或酸性废水与碱性废水直接中和的可能性；其次才考虑采用药剂（中和剂）

进行中和处理。

（2）混凝法

混凝法是通过向废水中投入一定量的混凝剂，使废水中难以自然沉淀的胶体状污染物和一部分细小悬浮物经脱稳、凝聚、架桥等反应过程，形成具有一定大小的絮凝体，在后续沉淀池中沉淀分离，从而使胶体状污染物得以与废水分离的方法。通过混凝，能够降低废水的浊度、色度，去除高分子物质——呈悬浮状或胶体状的有机污染物和某些重金属物质。

（3）化学沉淀法

化学沉淀法是通过向废水中投入某种化学药剂，使之与废水中的某些溶解性污染物质发生反应，形成使难溶盐沉淀下来，从而降低水中溶解性污染物浓度的方法。化学沉淀法一般用于含重金属工业废水的处理。根据使用的沉淀剂的不同和生成的难溶盐的种类，化学沉淀法可分为氢氧化物沉淀法、硫化物沉淀法和钡盐沉淀法。

（4）氧化还原法

氧化还原法是利用溶解在废水中的有毒有害物质，在氧化还原反应中能被氧化或还原的性质，把它们转变为无毒无害物质的方法。废水处理使用的氧化剂有臭氧、氯气、次氯酸钠等，还原剂有铁、锌、亚硫酸氢钠等。

（5）吸附法

吸附法是采用多孔性的固体吸附剂，利用同一液相界面上的物质传递，使废水中的污染物转移到固体吸附剂上，从而使之从废水中分离去除的方法。具有吸附能力的多孔固体物质称为吸附剂。根据吸附剂表面吸附力的不同，可分为物理吸附、化学吸附和离子交换性吸附。在废水处理中所发生的吸附过程往往是几种吸附作用的综合表现。废水中常

活性炭具有很强的吸附性

用的吸附剂有活性炭、磺化煤、沸石等。

（6）离子交换法

离子交换是指在固体颗粒和液体的界面上发生的离子交换过程。离子交换水处理法即是利用离子交换剂对物质的选择性交换能力去除水和废水中的杂质和有害物质的方法。

（7）膜分离

可使溶液中一种或几种成分不能透过，而其他成分能透过的膜，称为半透膜。膜分离是利用特殊的半透膜的选择性透过作用，将废水中的颗粒、分子或离子与水分离的方法，包括电渗析、扩散渗析、微过滤、超过滤和反渗透。主要的处理技术有稳定塘和土地处理法。

城市废水资源化

城市废水的大量排放不但是水资源的浪费，同时也会造成污染。世界上不少缺水国家把城市废水的资源化作为解决水资源短缺的重要对策之一。

废水净化后的人工湖

城市废水资源化的意义

近20年来经济的持续快速发展和人口的膨胀加剧了对水的需求，造成世界范围水资源短缺。水资源短缺威胁着人类的生存和发展，已成为全球人类共同面临的最严峻的挑战之一。为解决困扰人类发展的水资源短缺问题，开发新的可利用水源是世界各国普遍关注的课题。城市废水水质、水量稳定，经处理和净化以后可以作为新的再生水源加以利用。

城市废水如不加以净化，随意排放，将造成严重的水环境污染。如将城市废水的净化和再生利用结合起来，去除污染物，改善水质后加以回用，

不仅可以消除城市废水对水环境的污染，而且可以减少新鲜水的使用，缓解需水和供水之间的矛盾，为工农业的发展提供新的水源，取得多种效益。许多国家和地区把城市废水再生水作为一种水资源的重要组成，对城市废水的资源化进行了系统规划。例如美国佛罗里达州的南部地区、加利福尼亚州的南拉谷那、科罗拉多州的奥罗拉、沙特阿拉伯、意大利及地中海诸国等。实践表明，城市废水经处理后可以满意地用于农业、城市和工业等领域。作为缓解水资源短缺的重要战略之一，城市废水资源化显示了光明的应用前景。

世界上许多国家围绕城市废水的资源化与再生利用开展了大量的研究，包括废水回用途径的分析与开拓，废水资源化工艺与技术研究，回用水水质标准的建立，回用水对人体健康的影响，促进废水资源化的政策与管理体系等。

废水资源化途径与再生水水质标准

（1）废水资源化途径

根据城市废水处理程度和出水水质，经净化后的城市废水可以有多种回用途径。大体可分为城市回用、工业回用、农业回用（包括牧渔业）和地下水回灌。在工业回用中，主要可用作冷却水；城市回用中有城市生活杂用水、市政与建筑用水等；农业用水则主要是灌溉用水。

污水处理厂

（2）再生水水质标准

对于城市废水的回用工程，最重要的是再生水的水质要满足一定的水质标准。回用对象不一样，所规定的标准也不一样。以下介绍几种废水回用途径及相应的水质标准。

①回灌地下水：再生水回灌地下蓄水层作饮用水源时，其水质必须满足或高于国家生活饮用水卫生标准（GB5749—85）。美国加利福尼亚州卫生署

于1976年制订了再生水回灌地下水的建议水质标准，1977年进一步对水质标准进行了修订。考虑到难生物降解有机物对地下水质影响以及对人体健康的危害，除一般常规监测指标外，还要求对苯、四氯化碳等20种有机物和6种农药有机物进行监测。

②工业回用：再生水的工业回用主要有3个方面：回用作冷却水、工艺用水以及锅炉补给水。回用作冷却水的再生水水质应满足冷却水循环系统补给水的水质标准；回用作工艺用水时，由于工艺的不同，水质也千差万别，应根据不同工业的不同工艺，满足其相应的水质标准；用作蒸汽锅炉补给水的水质与锅炉压力有直接关系。再生水往往需要经过补充处理后才能适用于锅炉补给水。

③农业回用：再生水的农业回用主要用于灌溉。通常对灌溉用水的水质要求为：①应不传染疾病，确保使用者和公众的卫生健康；②不破坏土壤的结构与性能，不使土壤退化或盐碱化；③不使土壤中的重金属和有害物质的积累超过有害水平；④不得危害作物的生长；⑤不得污染地下水。

为了使再生水回用农业的水质符合以上要求，以保障人民身体健康，促进农业持续发展，世界卫生组织以及各国均制订了污水灌溉农田的水质标准。

城市废水资源化实例

作为解决水资源短缺的重要对策之一，国内外对城市废水的资源化与回用都十分重视，并取得了许多成功的经验。以下列举一些废水资源化的成功实例，以供我国广大缺水地区在探索、研究和推广废水资源化中借鉴和参考。

（1）美国的废水再生与回用

美国城市废水的再生与回用起步较早。美国废水再生与回用的实例为全球的废水回用提供了很好的参考。

①加利福尼亚州橘子县21世纪水厂再生水回灌地下。该城市由于超量开采地下水，造成地下水位低于海平面，促使海水不断流向内陆，致使地下淡水退化不宜饮用。为防止地下水位下降造成海水入侵，美国加州橘子县早在1965年就开始研究将三级处理出水回灌地下，以阻止海水入侵。橘子县为此兴建了"21世纪水厂"，该厂设计能力为5678m³/d。原水为城市污水二级处理出水，进一步经沉淀、过滤和活性炭处理后回灌地下水。由于回灌地下总

溶解性固体的限制为 500 毫克/升，因此一部分再生水在回灌地下水之前还采用反渗透法进行了脱盐。21 世纪水厂的净化水通过 23 座多点注入管井分别注入四个蓄水层，与深层蓄水层井水以 2∶1 的比例混合以阻止海水的入侵。该项工程表明：人工控制海水入侵是可行的；城市废水经深度处理后能够达到饮用水水质标准。工程经长期运行证明稳定、可靠。

②佛罗里达州圣彼得斯堡的废水再生与回用。该市是城市废水回用的先驱之一。1978 年实施了双配水系统，供给用户两种质量的水（饮用水和非饮用水），再生水开始用于非饮用水目的的使用。1991 年该市向 7000 多户家庭及办公楼提供再生水 $8 \times 10^4 m^3/d$，并用作公园、操场、高尔夫球场灌溉用水以及空调系统冷却水和消防用水。

中水喷灌

该市共有 4 座废水处理厂，总处理能力达 $270 \times 10^3 m^3/d$，采用活性污泥生物处理工艺，并附加有铝盐混凝、过滤及消毒处理，双管输水系统管道共长 420 千米。通过 10 口深井将多余的再生水注入盐水蓄水层，一年间平均约有 60% 的再生水注入深井。

由于使用再生水，节约了优质水，因此尽管该市人口增加了 10%，但饮用水仍能满足供应。

③亚利桑那州派洛浮弟核电站回用再生水作冷却水。该核电站是美国最大的核电站。第一期的 3 个反应堆，每个发电能力为 1270 兆瓦。此外拟再建 2 个反应堆。核电站地处沙漠，严重干旱，因此采用再生水作为冷却水。再生水来自 2 座城市废水处理的二级生物处理出水，输至核电站再经补充处理，使之达到所需水质。该核电站采用冷却水系统，补给水约 $200 \times 10^3 m^3/d$。

（2）日本的废水再生与回用

日本近 20 年来在废水再生和利用方面进行了大量研究开发和工程建设。

1986年城市废水回用量达 $6300 \times 10^4 m^3/d$，占全部城市废水处理量的 0.8%。再生水主要回用于中水道、工业用水、农田灌溉、河道补给水等。各种用途及其所占的比例为：中水道系统为 40%、工业用水 29%、农业用水 15%、景观与除雪 16%。中水道系统是日本污水回用的典型代表。1988 年日本共建有中水道844套，其中办公楼、学校为大户：学校占 18.1%、办公楼占 17.3%、公共楼房占 9.2%、工厂占 8.4%。中水道再生水主要用于冲洗厕所（占37%）、冲洗马路（占 16%）、浇灌城市绿地（占 15%）、冷却水（占 9%）、冲洗汽车（占 7%）、其他（景观、消防等）为 16%。

至 1996 年，全国有 2100 套中水设施投入使用，用水量达 32.4 万 m^3/d，占全国生活用水量的 0.8%。再生水中 41% 被用于工业用水，32% 被用于环境用水，8% 用于农业灌溉。

（3）其他国家的废水再生与回用

世界上第一座将城市废水再生水直接用作饮用水源的回收厂设在纳米比亚的首都温德和克市。该回收厂将城市废水经过深度生物处理之后作为饮用水。深度处理水的水质经严格的水质监测，证明符合世界卫生组织及美国环保局发布的标准。

以色列属半干旱国家，再生水已成为该国的重要水资源之一，100% 的生活废水和 72% 的城市废水已经回用。据 1987 年资料，全国废水总量 2.5×10^8 立方米，处理量达 2.18×10^8 立方米，处理率接近 90%。再生水用作灌溉达 1.046×10^8 立方米（占 42%），回灌地下为 0.7×10^8 立方米（占 29% 左右），排海水量 0.7×10^8 立方米（占 29% 左右）。废水处理后贮存于废水库。全国共修建 127 座废水库，其中地面废水库 123 座，地下废水库 4 座。废水进行农业灌溉之前一般通过稳定塘系统处理。有些城市将城市二级生物处理出水，再经物化处理后回用于工业冷却水。此外，废水经深度处理后回灌地下水，再抽出至管网系统，或并入国家水资源调配系统，输送至南部地区，或用于一般供水系统，最南部地区甚至将它作为饮用水源。

由于采取了上述废水回用的措施，以色列大大提高了水资源的有效利用，从而缓和了水资源短缺对社会经济发展的制约作用。

（4）我国的废水再生与回用

我国长期以来有利用生活污水用于灌溉农田的经验。先后开辟了 10 多个

大型污水灌溉区，灌溉面积达（130～140）×10⁴公顷。在我国北方干旱地区，利用污水灌溉农田，可充分利用其水肥资源发展农业生产，确实收到了一定效果。但由于一些污灌区地址选择不当，设计不合理，废水预处理不够，又缺乏水质控制标准和及时的监测，出现了土壤、农作物及地下水的严重污染，威胁着人体健康和安全。若干年前，曾开展大规模的污灌区环境质量综合评价工作，研究与制订了污水灌溉与污泥用于农田的各项环境标准与规定，已将污水农业利用引向科学的道路。

由于我国不少地区，如北方地区水资源紧缺，迫切需要把城市废水作为第二水源加以回收利用，实现废水资源化。为此，国家组织了有关开发城市废水资源化工艺的科技攻关，研制成套技术设施，建立示范工程，并逐步推广应用。攻关内容包括工业回用、市政景观利用的水质预处理技术、水质标准、卫生安全评价、中小城镇和住宅小区污水回用技术的研究等。一些成果已在天津纪庄子污水处理厂改造工程中应用，并在天津、太原、大连等城市建设了污水回用工程。例如，大连春柳废水处理厂的二级生物处理出水经深度处理后用于冷却水，回用水量300m³/d；太原杨家堡废水处理厂采用生物填料接触氧化池处理城市污水用于冷却水，回用水量为200m³/d；北京高碑店热电厂亦将高碑店污水处理厂的出水作为冷却水水源。经过10多年来的努力，我国在城市废水资源化以及回用方面取得了一定的成绩，为今后更大范围的推广应用奠定了坚实的基础。随着我国城市废水处理厂的普及与兴建，废水再生利用规模和速度亦将迅速发展。

2008年北京奥运会标志性场馆之一的"水立方"采用了大量专门措施降低自来水消耗，减少废水排放。全年可收集雨水1万吨、洗浴废水7万吨、游泳池用水6万吨。建筑物所需的绿化、冷却塔补水、护城河补水、冲厕、冲洗地面等用水全部通过废水回用解决，每年可减少废水排放量14万吨。

北京水立方

水资源是经济社会赖以存在和发展的重要条件，水是生命之源，水不仅是世间一切生物和秀美山川赖以存在的保障，也是人类和经济社会赖以发展的条件，地球要是没有了水，它就会像火星一样绝不会有今日的生机盎然。水对任何一个国家都是重要的战略资源。水资源的保证供应和安全，是一个国家战略安全的重要方面。

随着世界人口的增长和工业化的推进，水的需求量在不断增加，相反自然界的水随着自然界变暖和人类活动的加剧而越来越少。当今水危机已经遍布全球，根据联合国的预测，2025 年全球将有 2/3 的人面临水的危机，缺水问题不仅会制约 21 世纪的经济社会发展，而且可能会因缺水造成国家之间的矛盾冲突，甚至战争。

为了解决水资源短缺的矛盾，在开源、节流这两种战略中，节流比开源所需的资金一般要少，而且通过节流，可以减少污水排放量，减轻水污染，更可切实保护水资源，可谓一举多得，是符合可持续发展的战略方针的。

知识点

中　水

中水又叫再生水，介于上水（饮用自来水）和下水（污水）之间，由此被称为中水，是指污水经适当处理后，达到一定的水质指标，满足某种使用要求，可以进行有益使用的水。和海水淡化、跨流域调水相比，再生水具有明显的优势。从经济的角度看，再生水的成本最低，从环保的角度看，污水再生利用有助于改善生态环境，实现水生态的良性循环。

防治固体废物污染的措施

随着人们生活水平的提高，固体废物污染也成了一大问题。固体废弃物随意丢弃、堆积如山，不仅影响市容、而且污染环境。现在科学家们正在寻找妥善处理废物、防治污染的办法，而固体废物的资源化无疑是一条很好的出路。

变废为宝

固体废物具有鲜明的时间和空间特征，是在错误时间放在错误地点的资源。如果用恰当的方法处理，完全可以变废为宝。

据英国《泰晤士报》报道，英国南方水处理公司从污水淤泥中提炼和制造了 2 块宝石，一块较轻，呈暗灰色，嵌在一个如同玛瑙和珍珠的银色饰物上；另一块呈褐色，饰在金别针上。该公司已同英国经营珠宝的拉特纳公司的销售经理就这种宝石的销售进行了商谈。不久的将来，人们会在商店里看到这种漂亮而别致的宝石。

事实证明，随着科学技术的发展和人们环保意识的增强，垃圾及其他"三废"（废物、废气、废水）在越来越大的程度上不再是负担，而是一笔可贵的财富。各国开始对它们进行"资源化"处理，变废为宝，从中回收"可利用资源"，取得了十分可观的经济效益和社会效益。

垃圾变废为宝

例如，1988 年美国回收废旧物品行业的收入为 48 亿美元，1989 年增加到 60 亿美元。中国在过去 40 年里从各种废弃物中回收的再生资源总量达 2.5 亿吨，价值 720 亿元。

长期以来，各国处理垃圾的方法是露天堆放、围隔离堆、填埋、焚化和生物降解。据美国试验表明，燃烧 1 吨垃圾大约能发出 525 千瓦时的电，并使垃圾量减少 75%～90%。因此，不少发达国家建立了许多垃圾发电厂。目前，美国约有 160 座，正在兴建或计划兴建的还有 100 多座。1990 年日本用于处理垃圾的费用达 1.4 百万日元。东京地区计划在 3 年内将重新整顿和开辟垃圾处理场所。目前全日本共有 1800 个垃圾焚烧场，其中，只有 90 个能

生产出转化能源，而且只有 41 个将生产的垃圾能源卖给电力公司。

但是，这些方法大部分受各种因素的限制，在处理过程中会造成二次污染。欧共体委员会估计，12 个成员国的 520 座垃圾焚化厂每年排放尘埃 2.5 万吨，铅 570 吨，氧化氢 144 吨，汞 68 吨，镉 31 吨，严重污染生态环境。因此，人们开始将垃圾作为资源，进行综合利用的探索。

废旧物资，如人们生活中的废弃物，生产过程中产生的废料一直是污染环境的重要原因，人们将其作为重要负担。实际上，废旧物资是个"宝"，只要收集起来，进行加工，再生利用，就可以变为社会财富，既节约了自然资源，又防止造成公害。

据英国《新科学家》周刊报道，诺丁汉大学的研究人员发现，制造新塑料袋所需能源是回收塑料袋的 3 倍，即新制造 1 吨聚乙烯塑料袋需要 1106 亿焦耳的热能，而回收同样重量的塑料袋只消耗 353 亿焦耳的热能。而且，制造 1 吨塑料袋产生 4034 千克二氧化碳，回收 1 吨塑料袋只产生 1773 千克二氧化碳；前者消耗水 143.9 吨，后者消耗水 16.8 吨，前者是后者的 8 倍。制造 1 吨新塑料袋所产生的二氧化硫 61 千克，回收的仅为 18 千克；前者产生的氧化氮为 21 千克，后者为 9 千克。回收 1 吨塑料袋还比制造 1 吨新的要节省 1.8 吨燃料油。

分类回收垃圾

为便于综合利用，各国都分类回收废旧物资。瑞典人倒垃圾时，将玻璃瓶扔进草绿色的大铁罐里；废旧电池扔进马路旁电池形状的火红色大铁筒里；废铁器扔进专用集装箱；废纸捆起来定期交运。美国将垃圾分成可回收和不可回收两种，分堆集中在路边等待收走；超级市场设有金属罐回收机，顾客将空罐投入后，可获得一张收据，在指定商店兑换现金，如一次投入 10 个空罐，还可获得一张能廉价购买食品的优待券。

在加拿大，公园及游客常到之处都放着几种浅蓝色的子弹形大胶筒，分

别回收废报纸、罐头盒、玻璃瓶等。英国伦敦有 26 个"再循环中心",在一些地区专设回收废报纸、破旧衣服、玻璃瓶、铁皮罐等的垃圾筒。

德国专设回收塑料的垃圾筒,法国专设回收玻璃瓶的垃圾筒。澳大利亚穆斯曼公园从 1992 年 10 月起,为居民设置"电子垃圾桶"。它在旁边装有电子线路系统。当清洁人员把其中的废物倒进垃圾车时,垃圾车就会发出无线信号,该系统就会"回话",垃圾车上的电脑便能辨别"百宝箱"是谁家之物,并打出取款单送到住户手中。一些工厂还利用这些废旧物资,生产各种再生产品。

日本北海道地区技术中心从稻草灰中提炼出一种粒子,经高温加工成新型陶瓷,可制造汽车发动机和人工心脏。日本每年还将 3000 万吨的炉渣通过冷却处理制成建筑材料和优质水泥原料,用于建筑、雕塑等。

美国杜邦公司和北美废物处理公司建立了回收利用废塑料的联盟,在芝加哥和费城开办了垃圾管理中心,每个中心回收 10 万吨旧塑料瓶,再制成公园长椅和公路隔离路障之类的产品。美国勃朗宁—费里斯公司向 140 万个住户收集垃圾中的废旧物资,将其制成织地毯用的纤维和被褥的保暖衬里。

美国电话电报公司所属的西方电气公司,每天处理大约 25 卡车垃圾,从线路组件中提取黄金,从焊料中提取白银,从旧电话开关中提取锌,将碎塑料制成篱笆桩柱和花盆。美国经回收后再生产的产品琳琅满目,包括纤维制品、洗涤剂、人造木材……几乎应有尽有。

综合利用"三废"使"废物"资源化,已成为当前许多企业提高经济效益,加强环境保护的重要手段。许多企业通过综合加工,综合利用;回收加工,分离回用;厂间合作,挂钩互用;深度加工,彻底利用等办法,使有些金属和无机物质不再被排入河流而浪费掉,并且能成为有价值的副产品。

只有当人们不再把河流作为任意使用的污水沟,摆脱了那种把物质简单地看做仅供消费的观点后,工业生产才会遵循"利用—分解—储存—再利用"的客观规律,人类才能真正确立综合利用的观点。

例如,德国正从钢铁生产的酸溶液中回收有用的硫酸,从罐头工业废弃物中回收可供销售的醋,从造纸业废液中回收化学药品供再利用,从而减少现代化造纸厂排污物的90%。澳大利亚布里斯班一家公司先用磁铁把含铁的金属从垃圾中吸出来,然后按 1 吨普通家庭废物、1 吨黏土和 300 升水(或污水）的比例组成混合物，经绞碎，挤压成如同玻璃弹子的小球，经过 1200℃的高温烘烤、冷却，制成轻质建筑材料，将其加入水泥中，制成的水泥块比普通的轻 1/3，但一样坚固，而且具有良好的声学和保温性能。

美国科学家运用遗传工程技术培育细菌，把垃圾中的纤维素加工成酒精，经蒸馏纯化，就可作燃料用。日本一家研究机构利用合成沸石催化剂，从废塑料中高效率地生产燃料油，该项技术已获日本专利。另一家研究机构利用酶发酵与膜分离技术，从低浓度淀粉工业废液中制取浓度为 50% 左右的乙醇。

报纸回收

值得注意的是，不少国家的政府已制订有关的法律，规定对废旧物资的回收利用实行减免税收，提供信贷等优惠政策。美国加利福尼亚州于 1989 年 9 月 30 日颁布法律，要求所属各市县广泛回收垃圾中的有用资源，5 年内要把垃圾量减少 25%。加拿大多伦多市规定，从 1991 年起，该市的 4 家日报必须至少利用 50% 的再生纸，否则它们设在街道的自动零售报箱将被取缔。该市每月能回收 3750 吨旧报纸，每回收 1 吨旧报纸就能少砍伐 19 棵树。这意味着其仅回收旧报纸一项，每年就能少砍伐 85.5 万棵树。

实践证明，利用废旧物资作为资源来生产产品，比之开发矿产和生物资源来生产同样的产品，往往投资少，资金回收期短，而且能消除污染，改善环境。

美国《幸福》杂志指出："垃圾堆里有黄金！"它已越来越受到企业家们的重视和关注。一个以利用废旧物资为中心的新行业正在世界各地兴起，开始成为世界环境保护中的一股巨大洪流。

固体废物处理技术

长期以来，固体废物大多被倾倒入海，或就地填埋，这些方法给环境留

下了许多隐患。现在广泛应用的除了简单的粉碎、分类等物理方法，还有化学和生物处理技术。这些新方法可以减少污染，还可以回收一部分资源。

化学处理技术

采用化学方法使固体废物发生化学转换从而回收物质和能源，是固体废物资源化处理的有效技术。煅烧、焙烧、烧结、溶剂浸出、热分解、焚烧等都属于化学处理技术。

（1）煅烧：煅烧是在适宜的高温条件下，脱除物质中二氧化碳和结合水的过程。煅烧过程中发生脱水、分解和化合等物理化学变化。例如，碳酸钙渣经煅烧再生石灰。

广西兴建固体废物处置中心

（2）焙烧：焙烧是在适宜条件下将物料加热到一定的温度（低于其熔点），使其发生物理化学变化的过程，根据焙烧过程中的主要化学反应和焙烧后的物理状态，可分为烧结焙烧、磁化焙烧、氧化焙烧、中温氯化焙烧、高温氯化焙烧等。

（3）烧结：烧结是将粉末或粒状物质加热到低于主成分熔点的某一温度，使颗粒黏结成块或球团，提高致密度和机械强度的过程。为了更好地烧结，一般需在物料中配入一定量的熔剂，例如石灰石、纯碱等。

（4）溶剂浸出：使固体物料中的一种或几种有用金属溶解于液体溶剂中，以便从溶液中提取有用金属。这种化学过程称为溶剂浸出法。按浸出剂的不同，浸出方法可分为水浸、酸浸、碱浸、盐浸和氰化浸等。溶剂浸出法在固体废物回收利用有用元素中应用很广泛，如用盐酸浸出固体废物中的铬、铜、镍、锰等金属，从煤矸石中浸出结晶三氯化铝、二氧化钛等。

（5）热分解（或热裂解）：热分解是利用热能切断大分子量的有机物，使之转变为含碳量更少的低分子量物质的工艺过程。应用热分解处理有机固体废物是热分解技术的新领域。通过热分解可在一定温度条件下，从有机废物中直接回收燃料油、气等。适于采用热分解的有机废物有废塑料（含氯者除外）、废橡胶、废轮胎、废油及油泥、废有机污泥等。

小型垃圾焚烧炉

（6）焚烧：焚烧是一种高温热处理技术，即以一定的过剩空气量与被处理的废物在焚烧炉内进行氧化燃烧反应，废物中的有害毒物在高温下氧化、热解而被破坏。这种处理方式可使废物完全氧化成无毒害物质。焚烧技术是一种可同时实现废物无害化、减量化、资源化的处理技术。

焚烧法可处理城市垃圾、一般工业废物和有害废物，但当处理可燃有机物组分很少的废物时，需补加大量的燃料。一般来说，发热量小的垃圾不适宜焚烧处理；发热量大于 5000 千焦/克的垃圾属高发热量垃圾，适宜焚烧处理并回收其热能。

生物处理技术

生物处理法可分为好氧生物处理法和厌氧生物处理法。好氧处理法是在水中有充分溶解氧存在的情况下，利用好氧微生物的活动，将固体废物中的有机物分解为二氧化碳、水、氨和硝酸盐。厌氧生物处理法是在缺氧的情况下，利用厌氧微生物的活动，将固体废物中的有机物分解为甲烷、二氧化碳、硫化氢、氨和水。生物处理法具有效率高、运行费用低等优点。固体废物处理及资源化中常用的生物处理技术有：

（1）沼气发酵：沼气发酵是有机物质在隔绝空气和保持一定的水分、温度、酸和碱度等条件下，利用微生物分解有机物的过程。经过微生物的分解作用可产生沼气。沼气是一种混合气体，主要成分是甲烷（CH_4）和二氧化碳（CO_2）。其中甲烷占 60% ~ 70%，二氧化碳占 30% ~ 40%，还有少量氢、

一氧化碳、硫化氢、氧和氮等气体。城市有机垃圾、污水处理厂的污泥、农村的人畜粪便、作物秸秆等皆可作产生沼气的原料。为了使沼气发酵持续进行，必须提供和保持沼气发酵中各种微生物所需的条件：沼气发酵一般在隔绝氧的密闭沼气池内进行。

（2）堆肥：堆肥是将人畜粪便、垃圾、青草、农作物的秸秆等堆积起来，利用微生物的作用，将堆料中的有机物分解，产生高热，以达到杀灭寄生虫卵和病原菌的目的。堆肥分为普通堆肥和高温堆肥，前者主要是厌氧分解过程，后者则主要是好氧分解过程。堆肥的全程一般约需 1 个月。为了加速堆肥和确保处理效果，必须控制以下几个因素：①堆内必须有足够的微生物；②必须有足够的有机物，使微生物得以繁殖；③保持堆内适当的水分和酸、碱度；④适当通风，供给氧气；⑤用草泥封盖堆肥，以保温和防蝇。

（3）细菌冶金：细菌冶金是利用某些微生物的生物催化作用，使矿石或固体废物中的金属溶解出来，从溶液中提取所需要的金属。它与普通的"采矿—选矿—火法冶炼"比较，具有如下几个特点：①设备简单，操作方便；②特别适宜处理废矿、尾矿和炉渣；③可综合浸出，分别回收多种金属。

饶有趣味的是，科学家们正在研究利用植物吸取和回收被污染土壤的金属。例如，杜邦公司过去由于化学工业的发展而使特拉华河湾的一片森林变为不毛之地，现在，他们正在这块土地上种植豚草，通过它清除大量高浓度的铅，同时投资几十亿美元，回收和利用这些土地上的数百种化学物质。其他国家的许多大公司都在进行同样的实验，利用植物清除化学物质。可以毫不夸张地说，这些研究成果一旦走出实验室，在广阔的大地上推广应用，地球环境一定会有较大的改观，向人类提供"净土"。

知识点

生物降解

生物降解是指通过细菌或其他微生物的酶系活动分解有机物质的过程，既包括微生物的有氧呼吸，也包括微生物的无氧呼吸。生物降解的最大好处是成本低且对外界不会产生污染。生物降解有机化合物的难易程度首先决定于生物本身的特性，同时也与有机物结构特征有关。结构简单的有机物一般先降解，结构复杂的一般后降解。

实施生物多样性的保护措施

在地球上生命进化的大部分时间里，物种的灭绝速度和形成速度大致是相等的。而由于人口的急剧增长和人类对生物资源的开发需求逐年增多，作为人类生存基础的生物多样性，无论在其生态系统上，还是在物种和遗传基因的水平上，都受到极大的损害，并且这种损害越来越严重。

保护生态环境

从历史的经验教训中，人类终于认识到自己是不能脱离其生存的多种多样的生态环境而孤立发展的。

生物多样性对人类和生物圈来说是一种不可替代的财产，它不仅提供现时的利益，也提供长期的利益，它的维持对世界范围的持续发展是十分重要的。保护生物多样性是生态保护的一个重点。

未来的保护措施

生物区域管理

生物区域管理可能是表现为最有雄心的整体化措施，就是在管理整个区域时考虑到生物多样性的思想。如果将政府职责划分为孤立的林业、农业、公园和渔业部门，并不能反映出生态、社会或经济的协调发展。"生物区域"措施要求跨部门的，甚至有时是越境的合作和整体性，并且让受影响的全体居民广泛参与。生物区域是指具有很高的生物多样性保护价值的地区，在这些区域内建立起管理制度来协调公共和私人土地拥有者的土地利用规划，确定满足人类需求但不损害生物多样性的可供选择的发展方案。这一思想的成

功决定于唤起各个不同利益者之间的合作。

建立监测网络

根据各国生物多样性区划的结果，采用先进技术和手段，完善并形成统一的国家生物多样性监测网络，在此基础上建立生物多样性保护信息系统。通过这一系统可及时了解生物多样性动态变化并预测发展趋势，为决策者和管理者及有关人员提供可靠的信息。同时，该系统可以促进国内信息的广泛交流和使用，还可以加强与国外的信息交流。哥斯达黎加的生物多样性研究所已率先搞了这方面的工作，并取得了很大成效。这个研究所已开始对物种进行全国性综合调查，把每一物种的名字、位置、保护状况及潜在的商业用途都被收录进计算机。使用此计算机目录，研究人员能够在新描述的野生植物物种中寻求可能的化学用途。

例如，不受虫害或无真菌成长的植物，可能含有昆虫外避剂、成氏抑制剂或抗生素作用的天然化学品。这个发现对于农业化学制品、制药或生物技术公司来说是很有价值的。研究所的第一大客户是世界上最大的药品制造商默克公司，它有过从自然资源中开发出药物的成功历史。为了换取研究所的植物、昆虫和微生物样品，默克公司同意付给研究所100万美元，以及从默克公司最终开发出的任何产品的销售中提成。默克公司和研究所都希望样品中发现的有用化学品今后能够在实验室中合成而不是从森林中获取。部分研究收入将交给哥斯达黎加国家保护区系统用来保护本地区的生物多样性。

像许多热带国家一样，哥斯达黎加缺少能鉴别物种并进行分类的科学家。生物多样性研究所采用以下方法解决这一问题：雇用当地人并把他们训练成现场采集人员，为全国生物多样性调查做些昆虫标本的初步鉴定工作。第一批共16名"候补分类学家"于1989年进入现场。在头6个月里，他们采集的昆虫的标本数量是过去100年哥斯达黎加全国收集量的4倍。这些"候补分类学家"包括从前的家庭妇女、农民、农场主、中学生以及国家公园的警卫等。标本从现场送往研究所，在那里由见习保管员进行分类。而后，请来国内专家确认其鉴定并作出初步分类。最后，请来国际专家确认鉴定并作出明确的分类学分析。

地方参与保护区管理

使当地居民参与保护计划的制订和管理，能够解决生物多样性丧失的以下几个问题：不平等、无知和政策及经济体制的失败。地方参与往往可导致政策的变革和更公平的资源分配。

印度尼西亚的阿法克山自然保护区就采取了上述的管理方法。它是由印度尼西亚森林保护和自然保护理事会以及世界野生生物基金会共同提出的方案。保护区的目的是：维护一个自然再生的雨林，允许按传统方法使用森林而使当地居民受益，使保护区成为区域发展规划的一部分，提高当地的环境意识和科研水平。保护区开发的各个方面，都来自上述理事会和当地政府之间一系列会议达成的一致意见。

目前共有 13 个村级的管理委员会，当地居民通过管理委员会参与关于界限规定和未来计划的决策。结果，保护区的每一个土地所有者都书面同意支持那些规定。事实上，土地所有者起着"卫兵"的作用来维护保护区的界限并控告违反规定的行为。阿法克山保护区的管理是有希望的，但说它对生物多样性有持久的保护作用则为时过早。1990 年世界银行一份关于热带地区试图将生物多样性保护与地方的持续发展结合起来的 18 个项目的审查报告使乐观情绪降了温。该审查发现了这样几个不多的例子：从保护区项目中受益的人正是对保护区造成威胁的个人或集团。尽管如此，在保护区的管理中让地方参与的主意对保护生物多样性还是很重要的。

保持生态多样性的具体办法

为了实现保护生物多样性的目标，需要采取许多具体行动措施，协调生物多样性保护和可持续发展。

1. 就地保护——自然保护区

就地保护是指保护生态系统和自然生态以及维持和恢复物种在其自然环境中有生存力的群体。"保护区"是指一个划定地理界限，为达到特定保护目标而指定或实行管制的地区。自然保护区是生物多样性就地保护的重要基地，在全世界得到普遍推广。全世界建立的各类自然保护区已超过 1 万个。自然保护区的主要保护对象是具有一定代表性、典型性和完整性的各种自然生态

系统，野生生物物种，各类具有特殊意义的、有价值的地质地貌、地质剖面和化石产地等自然遗迹。但最主要的保护对象仍是生物物种及其自然环境所构成的生态系统，即生物多样性。

大丰麋鹿保护区

自然保护区属于就地保护，是最有力、最高效的保护生物多样性的方法。就地保护，不仅保护了生境中的物种个体、种群、群落，而且保护和维持了所在区生态系统的能量和物质的运动过程，保证了物种的生存发育和种内的遗传变异度。因此，就地保护对生态系统、物种多样性和遗传多样性3个水平都得到最充分的最有效的保护，是保护生物多样性的最根本的途径。

自然保护区是留给野生动植物的宝贵栖息地。自然保护区是人类的一种创造，是人类为了对付自身的环境破坏而采取的一项补救措施，为的是能给野生动植物留下一块宝贵的栖息地。

2. 移地保护

移地保护是指将生物多样性的组成部分移到它们的自然环境之外进行保护。移地保护主要适应于受到高度威胁的动植物物种的紧急拯救。移地保护往往是单一的目标物种，如利用植物园、动物园和移地保护基地和繁育中心等对珍稀濒危动植物进行保护。

中国的植物园于20世纪80年代以来发展很快，已有110多个。有用于科学研究的综合性植物园或药用植物园，有的是以收集树种为主的树木园，还有观赏植物园等。我国植物园保存的各类高等植物有23000种。至1991年我国已建的动物园有41个，加上大型公园的动物展区，共175个。这些动物园和展区共饲养脊椎动物600多种，10万多头。我国动物园在珍稀动物的保存和繁育技术方面不断取得进展，许多珍稀濒危动物可以在动物园进行繁殖，如大熊猫、东北虎、华南虎、雪豹、黑颈鹤、丹顶鹤、金丝猴、扬子鳄、扭

濒临绝种的丹顶鹤

角羚、黑叶猴等。

野生动植物移地保护的主要问题是植物园、保护基地和繁育中心的数量和规模不够，移地保护物种的种群小，不能满足多基因库样本的要求。由于经费不足，难以支付移地保护动物的高额费用，经常对被保护对象，如华南虎的繁育需要加以限制，实行计划生育，使该物种个体数目前不到40头。

➤➤➤ 知识点

生物多样性

生物多样性是指一定范围内多种多样的生命形式（动物、植物、微生物）有规律地结合所构成的稳定生态综合体。这种多样包括动物、植物、微生物的物种多样性，物种的遗传与变异的多样性及生态系统的多样性。物种多样性是指地球上动物、植物、微生物等生物种类的丰富程度。遗传多样性是指地球上生物所携带的各种遗传信息的总和。生态系统的多样性主要是指地球上生态系统组成、功能的多样性以及各种生态过程的多样性。

▎▎▎ 加强绿化造林的净化环境作用

树木是自动的调温器、天然除尘器、氧气制造厂、细菌的消毒站、土壤的保护伞。绿化造林对温室效应、水土流失、沙漠化等环境问题的解决都有不容忽视的作用。尤其是大面积的热带雨林，对于全球气候的调节有很大的影响。

持续发展，大力造林

地球表面的大气圈、水圈、生物圈的生态平衡发生了巨大变化，各种灾

害频繁发生，严重地威胁着人类生存：水土流失严重、沙漠化面积扩大，森林面积减少，湿地减少，生物物种减少，水资源紧缺，水灾、旱灾、沙尘暴频繁发生。绿化造林是其中的重要防治措施之一。

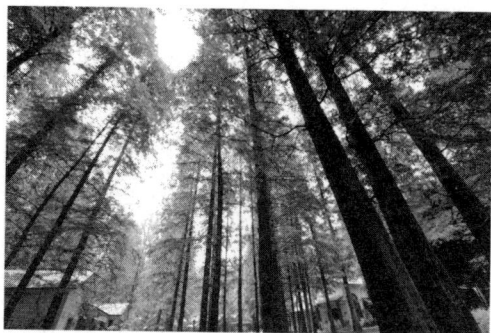

森林是地球陆地生物圈的重要组成部分，是整个生态系

森林之光

统中的主体，也是人类社会发展的重要条件。正如施里达斯·拉夫尔爵士所说："森林在我们星球的生命系统中是一个非常宝贵的环节。它们是生态系统功能中重要的一部分，没有它们，人类开始就不可能在地球上生存，而且几乎可以肯定，以后也不可能在地球上生存。"

森林不仅能够为人类提供建筑木材、造纸的纸浆、药品原料、工业原材料以及世界 50% 家庭的炊用燃料，而且还能够防风固沙、保持水土、涵养水源、调节气候、改良土壤、净化空气等，以维持地球生态平衡和改善生态环境。

树木可以调节全球气候。森林是碳的巨大天然贮存库，它能吸入二氧化碳并把它贮存下来，是稳定地保持空气中二氧化碳含量的一种珍贵物质，当森林被毁坏，大气中二氧化碳的增加将引起地球的平均温度升高，南、北极的冰块融化致使海平面上升，最后导致人类大难临头。大力植树造林则可以有效地调节温度。

树能防风固沙，涵养水土。林木不断发展的根系，穿插交织着土壤，牢固地团聚土块，改良了土壤，使森林生长茂盛，更好地发生它的作用。实践告诉我们，森林能有效阻止风沙，林带能在 25 倍林高范围内明显降低风速。森林土壤还有良好的渗透性，能吸收和滞留大量的降水。

树木能保持生态平衡。树木通过光合作用，吸进二氧化碳，吐出氧气，使空气清洁、新鲜。100 平方米树林放出的氧气可供 65 人呼吸一辈子。

树林能减少噪音污染。40 米宽的林带可减弱噪音 10 ~ 15 分贝。噪音的污染对人类的生活、学习、工作、休息等方面都造成了很大的危害，可以说是人们的"敌人"。噪音还可以使人类在长期的生活中听力减弱、耳聋、变傻、心脏、血压、神经等出现异常，甚至还能让人在长期的噪音煎熬下死亡。这样树林就能使噪音减小四五倍。

树木能净化空气。树木的分泌物能杀死细菌。空地每立方米空气中有三四万个细菌，森林里只有三四百个。还能吸收各种粉尘，100平方米树林1年可吸收各种粉尘20～60吨。大气中某些污染物浓度过高，危害树木生长，而不少绿色植物具有吸收毒气的能力。如柳杉、泡桐、夹竹桃、紫藤、枫树、柑橘等都能吸收二氧化硫；刺槐、桧柏、丁香、女贞、向日葵能够吸收氟化氢；槐树、银桦、悬铃木等能够吸收氯和氯化氢；桑树、夹竹桃、棕榈等能吸收二氧化氮；加拿大白杨、桂香柳等能够吸收醛酮等；银杏、柳杉、夹竹桃等吸收臭氧，防止光化学烟雾。总之，树木具有制造氧气、吸收有害气体、阻留粉尘、杀灭病菌的功能，对人体健康有良好的影响。

树木可以调节湿度。有人曾利用大气模型模拟研究了北纬5°和南纬5°间50%热带雨林发生变化对全球气候所产生的影响。研究报告指出，如果反射率和水的流失率较高，而蒸发蒸腾。森林破坏还能导致气候干旱。森林能调节气候，增加降雨。林区的空气湿度通常要比无林区高10%～25%，据试验，在夏季500米高空范围内，有林地区比无林区气温约低8℃～10℃，含水量高10%～20%。

绿化造林是防治大气污染较为经济而有效的措施，因为植物具有过滤各种有害气体、净化大气、减弱噪声、调节气候、美化环境的功能。森林植被不但可以提供木材，而且还能防止水土流失、预防风沙、干旱、洪涝等自然灾害。

无数事实证明，森林植被的破坏不仅影响人类社会经济的发展，而且必然会破坏整个生态中各个因素的平衡关系，致使自然生态失调。所以，加强对森林资源的保护和管理，大力植树造林，对于促进人类社会的持续发展，具有十分重要的作用。

保护热带森林

目前森林资源的快速消失，主要是由于热带雨林砍伐速度加快造成的。

所以，热带雨林的过快砍伐以及因此而引起的经济、社会和环境方面的损失已引起国际社会的高度重视。对热带森林进行管理和保护势在必行。

调整国际贸易结构

目前进行商业贸易的原木和加工的木材价格几乎没有包括木材收获的环境成本与社会成本，对资源价值估计太低往

热带森林

往会导致过度使用和耗尽。为了使价格能准确地反映出这些隐藏的成本，各国政府可根据热带木材产品的价值征收进出口税和采用其他财政办法。1989年，英国木材贸易联盟和荷兰进口委员会联合提议对欧洲共同体的热带木材进口征收附加税，在进口地点征收的这种附加税的收入将汇集起来用于为促进森林的可持续管理项目提供资金。最近，有几个国际热带木材组织成员国对附加税表示有兴趣。也有人提出要签署一项热带木材商品协议，除了委托执行上述的附加税之外，还要根据使森林没有净损失的综合保护和管理规划制定木材进口限制。建立一套鉴定木材生长和可持续性收获的标记的做法，是利用市场鼓励可持续的木材管理的另一种可行的战略。

"国际热带木材组织"承担了到2000年国际热带木材贸易完全实行可持续的森林管理的任务。它号召其签约国制定持续使用和保护它们森林的国家政策，包括在木材生产国家中增加热带木材的加工工业。取消日本和欧洲共同体等主要热带木材进口国对森林加工产品实施的保护关税，可以使出口国家保留其木材更多的价值，从而可能减轻一些对保持目前收获水平的压力。

有许多专家警告说，对全球贸易结构的任何操纵都会与关税和贸易总协定（1994年4月15日乌拉圭回合结果改为"世界贸易组织"）发生冲突。关税和贸易总协定支配着世界贸易的90%。根据关税和贸易总协定，目前提出的很多木材贸易限制或确保可持续生产的任何标记规划很可能行不通。一些国家的立法者和环境组织正在建议包括关税和贸易总协定在内的专门团体，

合法为环境服务。

减少热带木材的需求

人类开始大规模地使用热带木材，仅有20年的历史，这期间的一个重要的原因就是对热带木材的大量需求。为了保护自己国内的森林资源，欧洲国家向非洲、美国向中南美洲、日本向东南亚都伸出了索取木材资源之手。近20年来发达国家的热带木材进口量增加了16倍，占世界上木材、纸浆供给量的10%，1985年的世界木材进口量中，日本和欧洲占30%，美国占20%。日本、美国和欧洲共同体是热带木材出口的3个消费大户。例如，每年有250亿双筷子和价值20亿美元一次性使用的混凝土木模被弃。如果他们尽可能用重复使用的产品代替一次性使用的木材产品，这将有助于保护热带森林。

自从1988年以来，欧洲共同体、美国和其他木材进口国采取了决定性的步骤限制木材进口。其中有些做法是高度强制性的，例如美国努力限制从缅甸进口柚木，英国的查尔斯王子呼吁禁止进口不能持续生长的木材。而德国的措施更加彻底，1989年联邦共和国政府正式停止使用热带木材。这种单方面的抵制确实减少了对热带木材的需求，但这样做的同时也降低了木材的价值和森林的价值，所以对这种单方面的减少热带木材需求还有许多异议。

遭砍伐的热带森林树木

人类对自然资源的不合理开发利用，是造成生态失衡的主要原因。乱砍滥伐、毁林开荒、过度放牧等，会破坏森林和草场，造成水土流失和土地荒漠化，使沙尘暴频繁出现。不合理的开发、占用土地，使耕地面积日益减少。

植树造林在维护生态平衡中起着重要作用，具有制造氧气、净化空气、

涵养水源、保持水土、调节气候、防风固沙、消除噪音等功能。现在，我们了解了植树造林这么多的好处，我们就更要自觉履行植树造林的义务，为创造我们美好的家园奠定基础。植树造林不仅对于人类的生存具有十分重要的环境效益，而且对于人类的生产和生活具有巨大的经济效益。

加强湿地与草场的保护

草场与湿地大都相互依存和共生，进一步增强着生态系统功能。然而当今，草场沙化、湿地缩减的状况在很多地方都已经普遍。湿地和草原的破坏，导致水源涵养能力降低，天然草原退化，致使沙尘暴肆虐，甚至许多地方已经沙漠化。

湿地保护

湿地是指陆地上常年或季节性积水（水深 2 米以内，积水期 4 个月以上）和过湿的土地与其生长、栖息的生物群落构成独特的生态系统。全世界约有湿地 8.56×10^8 公顷，其中加拿大湿地面积最大，约有 1.27×10^8 公顷；其次是俄罗斯，约有 0.83×10^8 公顷；中国居第三位，约有天然湿地和人工湿地 0.63×10^8 公顷。

美丽的西溪湿地

中华人民共和国成立以来，我国的湿地开发利用取得了很大进展，但湿地保护面临人口增长的压力，围垦、开荒、污染和过度猎取等也出现了许多不容忽视的生态问题。

湿地保护应与湿地的开发、利用相结合。在湿地保护中，除防治污染外，应注意 4 个方面的问题：

1. 加强现有湿地自然保护区的建设

以我国为例，目前在全国各地先后建立的各种类型的湿地自然保护区有130余处，面积达 3750×10^4 公顷。未来的任务是进一步完善监控系统、管理体制和保护区的水平，将我国的湿地自然保护区建成世界级的珍禽保护区。

2. 生物资源的合理培育、利用和保护

湿地生物资源包括植物资源，如大面积的芦苇、草洲，水生动物资源有鱼虾。实现生态农业和生态渔业，对生物资源适当培育，是开发利用湿地生物资源的重要措施。

3. 加强综合治理，提高防洪排涝能力

湖泊的淤积使平原湖泊沼泽化，加上围湖造田，湖面积日益缩小，湖容量大大降低。加强综合治理不仅要严禁围垦，适当退田还湖，还应该从整个流域的生态环境保护出发，防止水土流失、降低洪峰高度等。

4. 立法保护

在发达国家湿地被看做同农田、森林一样重要。美国1977年颁布保护洪泛平原和湿地的法规，欧共体的农业政策十分重视保护湿地。我国长江中、下游湿地的开发利用过程中，保护湿地的问题也已经提到议事日程上来。

草场保护

对草原的生态环境保护最重要的是降低人为活动的干扰，使人为活动控制在合理的程度。

以我国为例，近年来实施的退牧还林措施对保护草场起到一定的作用。放牧时期根据各类草场的产草量，确定放牧强度和载畜量。以草定畜，优化放牧。有试验结果表明，将放牧强度控制在50%左右，并按时转场，可使原来（10~12）×666平方米地养一只羊，提高到 8×666 平方米养一只羊，而且可以保持草地良好。在农牧交错区，尤其要防止滥垦、滥牧。

另外要加速对退化草地的恢复与重建。对严重退化的草地要采取多种途径和方法实现草场植被的恢复与重建。试验结果表明：封育、补播和施肥以及建立人工草地等都是行之有效的措施。对退化较轻的草地封育2~3年即可恢复，产草量提高2~3倍，植物群落的结构可发生变化，由单层结构变化为双层结构。对严重退化的草地实行补播优良草种，加上封育，第二年就可得

到良好效果。

我国的甘南草原湿地是青藏高原湿地面积较大，特征明显，最原始、最具代表性的高寒沼泽湿地，也是世界上保存最完整的自然湿地之一。近年来，甘南草原湿地面积锐减，导致水源涵养能力降低，天然草原退化，土地沙化严重。甘南藏族自治州生态环境日趋恶化的现状引起了社会关注，当地政府一方面实施"农牧互补"战略，通过专业化、规模化养殖减少草场载畜量。另一方面通过发展畜产品加工业、旅游生态产业及第三产业，合理流转从事畜牧业者。通过实施退牧还草工程，甘南180000万平方米草场得以围栏。

促进传统农业向环保农业的转化

美国夏威夷有个农场，它为了保护生态环境，生产健康食品，16年来从未使用过化肥、农药、除草剂、地膜和其他人工合成化工产品，只是运用现代化农业理论，吸收当代农业科技优秀成果，施用有机肥，选用抗病虫害强的品种，实行轮作或间作，培育病虫害天敌，喷施天然药剂等，生产蔬菜、木瓜、菠萝、香蕉、咖啡等。这些产品无污染，有益于人类健康，保护自然资源和

绿色有机食品

改善环境质量，深受消费者欢迎，十分畅销。

1990年美国大约有600种新的绿色产品问世，其中，有许多是为儿童生产的。美国"小世界产品集团"生产的动物饼干，上面有11种濒临灭绝动物的图案。这种饼干是用生物技术种植的粮食面粉生产的，包装则是能被生物递降分解的纸板盒。

人们称这些产品为环保农产品，称这种农业为环保农业。它是替代传统农业的新方法。

半个世纪以来，发达国家的石油农业迅速发展，实质上是通过大量机械、化肥、农药的投入，换取农业的高产。但是，它导致土壤结构被破坏，农作物抗灾性降低，农产品残毒量倍增，环境遭污染，影响人的身体健康和其他生物之间的平衡。

20 世纪 70 年代后，欧美许多国家提出"有机农业"、"生物农业"和"生态农业"等概念和理论，试图找到一种更为理想的不污染环境、使资源和环境得到保护的农业制度。这些理论虽然侧重点不同，但本质是一致的。例如，有机农业强调不用农药、化肥，靠生物学方法维持土壤肥力和防除病虫杂草；生物农业强调生物学过程，以有机肥代替化肥，以生物防治病虫害替代化学防治病虫害；生态农业强调人精心地管理农业，使其与自然秩序相和谐，更多地利用自然控制，不是靠农药、化肥等获取能量，达到增产目的。它们的共同点是降低能量消耗，保护自然资源，改善环境质量，防止污染，提高食物品质等。因此，它也叫"环保农业"。

环保农业

环保农业在日本也已悄然兴起。长期以来，日本的水稻是浸泡在农药和化肥中长大的。据农林水产省调查，每 1000 平方米水田一年使用的农药费用为 7300 日元，相当于美国的 5.2 倍，使用的磷肥是美国的 2 倍，钾肥是美国的 25 倍。

1990 年起，新县的武石定夫在 4000 平方米水田上进行试验，将鱼渣滓、豆饼、菜籽饼发酵，用作肥料。收获后的稻谷粒大发光，但产量下降了 15%。武石定夫于是到富山、秋田两县的试验栽培场取经求教，学到了在水田中放养杂种鸭，让鸭子吃水田中的杂草和害虫；在插秧季节，将残

植物工厂

留着稻草和稻秆的水田不加耕作插上秧苗,以此控制杂草生长的两个新方法。由于武石定夫的努力,绿油油的稻子在盛夏的微风中轻轻摇曳,稻田中一只只杂种鸭在自由自在地嬉戏,田里的稗草已长不起来,大米质量有了很大提高。邻近的农民深受启发,竞相仿效。

值得注意的是,日本正在发展"植物工厂"。这是一种可高水平控制环境的植物常年生长系统。在这个系统中,它不使用土,而采用水耕栽培。通过光、温度、湿度、二氧化碳浓度、肥料等的控制,使所栽培的植物能够在短期内最有效地生长和收获。这种植物工厂实际上是使农业工业化,有利于环境的保护。日本已开始向海外出口"植物工厂"技术。

在欧洲,环保农业发展较早,也较迅速。1972年成立的"国际有机农业运动协会"规定,整个企业的所有生产项目都必须按有机农业方式进行,在作物生产中禁止使用化学合成氮肥,其他易水溶的肥料、化学植保药剂和化学贮藏保护药剂;在畜牧业生产中禁止使用人工荷尔蒙和其他增产剂。为了保护和促进有机农业的发展,制止日益突出的常规农产品对有机农产品的假冒现象。

1991年6月,欧共体首次通过法律规定,只有那些严格按照规定方法生产出来的农产品以及加工品(其中有95%是有机农产品成分),才允许冠以有机农产品的标签,有关企业都必须接受有关部门的监督。据不完全统计,目前,欧洲约有16000多家有机农业企业,其中,法国4000多家,居世界首位,德国2600多家,瑞士1900

中国有机产品标识

多家,意大利、奥地利各1200多家,瑞典1000多家。目前,世界每年生产的有机农产品约有3/4是西欧消费的。其中,消费水平较高的有奥地利、瑞士、英国、卢森堡和德国,其用于有机农产品的消费支出占其食品消费总支出的1%左右,丹麦、荷兰、比利时、法国等为0.5%左右,西班牙、葡萄

牙、意大利、爱尔兰等不到 0.2%。

据估计，到 21 世纪末，对环保农产品的需求将比现在增加 5 倍。因此，环保农业将继续保持大幅度增长。出口国除了欧洲的一些国家外，主要有美国、以色列、加拿大、澳大利亚、墨西哥等，非洲、南美洲一些国家也生产一些生态农产品，几乎全部用于出口。环保农产品深受消费者欢迎，但产量较低，因而，其价格较贵。

我国有数千年传统农业的精华技艺。例如，实行精耕细作，通过轮作、间作、套种等提高单产，充分利用农家肥料，种植绿肥，用地养地结合等。但是，长期以来对环保农业的认识不足，受西方石油农业思想的影响，在人口不断增长的压力下，不得不毁林、毁草开荒，围湖围海造田，导致水土流失，地力衰退，土地沙化、碱化等，使生态平衡失调和生态环境恶化。尤其是近年来，乡镇企业迅猛发展，加速了城市污染工业向农村扩散。一些农产品由于含过量毒物而不能食用，直接影响出口创汇，危及作物和人体健康。

"猪—沼—田藕"的绿色生态链

因此，我们应该大力发展环保农业，闯出一条我国农业发展的新路子。可喜的是，我国在平原地区，利用秸秆、粪便等努力发展沼气，供照明做饭取暖，并用消过毒的饲料和鸡粪喂猪，用沼气渣养鱼，用沼气肥下地，既增产了粮食，又促进了畜牧业发展。牲畜的增加，又推动了沼气的发展，形成了以沼气为中心的多层多级高效生态农业体系。

美国也正在探索一种农业持续发展的新模式。它将轮作、翻耕整地、施肥和防治病虫害技术综合配套使用，达到保护生态环境和农业持续发展的目的。美国国会为此于 1990 年 10 月通过了食品、农业、保护和贸易法案。它

将持续农业定义为是"一种因地制宜的动植物综合生产系统。在一个相当长的时期内能满足人类对食品和纤维的需要；提高和保护农业经济赖以维持的自然资源和环境质量；最充分地利用非再生资源和农场劳动力，在适当的情况下综合利用自然生态周期和控制手段；保持农业生产的经济活力；提高农民和全社会的生活质量"。

为实施该方案，美国政府成立了持续农业顾问委员会；实施农业水源质量奖励，对那些采用保护性耕种方式的农民提供补贴；鼓励农民实行轮作；实施综合农场管理，鼓励农场种植大豆、燕麦等作物，如果种植面积不低于其基本种植面积的20%，农场依然可获得政府补贴。另外，政府还在全国实施持续农业的教育和培训，开展科学研究和技术推广，以促进这一新模式的施行。

知识点

有机农产品

有机农产品是指根据有机农业原则和有机农产品生产方式及标准生产、加工出来的，并通过有机食品认证机构认证的农产品。有机农业的原则是，在农业能量的封闭循环状态下生产，全部过程都利用农业资源，而不是利用农业以外的能源（化肥、农药、生产调节剂和添加剂等）影响和改变农业的能量循环。有机农业生产方式是利用动物、植物、微生物和土壤4种生产因素的有效循环，不打破生物循环链的生产方式。

新能源的研发和利用

XINNENGYUAN DE YANFA HE LIYONG

众所周知，传统能源对环境污染严重，是造成当前环境问题"罪魁祸首"，而且传统能源也正面临着枯竭的境地，由此，应用新能源被提到日程上来了。新能源是相对传统能源而言的，是指传统能源之外的各种能源形式，如太阳能、地热能、核能、风能、海洋能、生物质能等。新能源有着传统能源无法比拟的优越之处，如污染少、储量大等，因此，新能源的利用前景被十分看好。

对太阳能的研发和利用

太阳是一个炽热的气体球，蕴藏着无比巨大的能量。从根本上讲，现今的一切能量资源归根到底都是太阳的辐射能。据统计，辐射到地球大气层的光和热只占太阳总辐射能的22亿分之一，大约有170万亿千瓦。除去被大气反射和吸收的部分，到达地面的约80万亿千瓦，大约为储存在世界矿物燃料和铀矿中全部能量的10倍，等于世界原生能源需求量的15000倍。如果将长300千米、宽1000千米的沙漠所接受的太阳能全部收集起来，就足以满足人类的需要。

地球上除了地热能和核能以外，所有能源都来源于太阳能，因此可以说太阳能是人类的"能源之母"。没有太阳能，就不会有人类的一切。因此，科学家们十分重视太阳能的开发和利用。他们正在研究平板式或聚光式光热能转换装置，以便将太阳能聚集起来供发电、供取暖，用作氢的生产。

太阳能热水工程

1954 年美国发明硅太阳能电池。日本相继研制成功 200 千瓦分散型和 1000 千瓦集中型太阳能发电装置。1981 年在香川县成功地实现了 1000 千瓦太阳能发电，这是世界首创。它进一步促进了太阳能发电的设计、运转技术等的研究。另外，各国还利用太阳能取暖，制造了太阳能热水器、太阳能蒸馏器、太阳灶等。

目前，世界上大约有 700 万平方米太阳能集热器正在使用，美国有 5 万多所利用太阳能采暖的住房。在以色列和约旦，屋顶太阳能收集器已为家庭使用热水提供了 25% ～65% 的能源。

太阳能生成多晶硅发电

值得注意的是，美、日、欧、俄等科学家正在研究太空发电，在太空建造几十个曼哈顿地区那么大的太阳能收集器，将太阳光用微波束传回地面。地球上设置巨大的天线场，用来接收微波束，并把它再变成电，输送到供电网。

1993 年 2 月 4 日，俄罗斯进行的"太空镜"向地球反射太阳光的实验获得成功，人造月亮已成为可能。

目前，世界各国都在大力研究新型太阳能电池，提高光电转换率，使太阳能的开发利用进一步深化。太阳能的开发方兴未艾，研制出的太阳能新产品层出不穷。例如，英国成功研制一种太阳能冰箱，装有 9 块吸热板，晴天时它可以向冰箱的蓄电池充电，一天的充电量足够冰箱使用 5 天。瑞士发明了一种太阳能热水瓶，仅重 400 克，通过装在瓶底部的像镜子似的折叠铝叶板吸收太阳能，用来烧开水。有阳光时，烧一瓶水仅需要半小时左右。

对太阳能这种新能源的开发利用，当前还仅处于初始阶段。随着科学技术的发展和人们对能源日益增长的需求，太阳能的开发利用必将出现一个蓬勃发展的新局面。

太阳能电站

通常人们所说的太阳能电站，指的是太阳能热电站。这种发电站先将太阳光转变成热能，然后再通过机械装置将热能转变成电能。

葡萄牙阿马雷莱雅太阳能发电厂

太阳能电站能量转换的过程是：利用集热器（聚光镜）和吸热器（锅炉）把分散的太阳辐射能汇聚成集中的热能，经热换器和汽轮发电机把热能变成机械能，再变成电能。它与一般火力发电厂的区别在于，其动力来源不是煤或燃油，而是太阳的辐射能。一般来说，太阳能电站多数采用在地面上设置许多聚光镜，以不同角度和方向把太阳光收集起来，集中反射到一个高塔顶部的专用锅炉上，使锅炉里的水受热变为高压蒸汽，用来驱动汽轮机，再由汽轮机带动发电机发电。

另外，太阳能电站的独特之处还在于电站内设有蓄热器。当用高压蒸汽推动汽轮机转动的同时，通过管道将一部分热能储存在蓄热器中。如果在阴天、雨天或晚上没太阳时，就由蓄热器供应热能，以保证电站连续发电。世界上第一座太阳能热电站，是建在法国的奥德约太阳能热电站。这座电站当时的发电能力仅为 64 千瓦，但它却为以后太阳能热电站的建立和发展打下了

基础。

1982 年，美国建成了一座大型塔式太阳能热电站，这座电站用了 1818 个聚光镜，塔高 80 米，发电能力为 10000 千瓦。它利用太阳能把油加热，再用高温油将水变成蒸汽，利用蒸汽来推动汽轮发电机发电。

塔式太阳能热电站

太阳能热电站不足之处在于：1. 需要占用很大地方来设置反光镜；2. 它的发电能力受天气和太阳出没的影响较大。虽然热电站一般都安装有蓄热器，但不能从根本上消除影响。因此，人们设想把太阳能热电站搬到宇宙空间去，从而能使热电站连续不断地发电，满足人们对能源日益增长的需要。

太阳能气流电站

利用太阳能发电的方式很多，其中最为新奇的是太阳能气流发电。由于这种电站有一个高大的"烟囱"，所以也被称做"太阳能烟囱电站"。

太阳能电站既不烧煤，也不用油，所以这个"烟囱"并非是用来排烟的，而是用它来抽吸空气，所以确切点说应称其为"太阳能气流电站"。

太阳能气流电站的中央，竖立着一个用波纹薄钢板卷制而成的大"烟囱"，在"烟囱"的周围，是巨大的环形曲面半透明塑料大棚，在"烟囱"底部装有汽轮发电机。当大棚内的空气经太阳曝晒后，其温度比棚外空气高约20℃。由于空气具有热升冷降的特点，再加上大"烟囱"向外排风的作用，就使热空气通过"烟囱"快速地排出去，从而驱动设在"烟囱"底部的汽轮发电机发电。

由于太阳能气流电站占地较大，所以今后的气流电站将要建在阳光充足、地面开阔的沙漠地区。另外，塑料大棚内的地方很大，温度又较高，可利用起来作暖房，种植蔬菜和栽培早熟的农作物。

太阳能气流电站的建造成功，使人类利用太阳能的技术得到进一步的提高，并为利用和改造沙漠创造了良好的条件。

太阳能热管

热管通常又叫真空集热管，它在结构上与我们平常所用的热水瓶相似，但热水瓶只能用来保温，而太阳能热管却能巧妙地吸收太阳的热能，即使阳光很微弱，它也能达到较高的温度，比一般太阳能集热器的本领强多了。

太阳能热管

热管之所以有这么大的本领，主要是因为它的结构较特殊，能充分地吸热和保温。热管有一个透明的玻璃管壳，里面密封着能装液体或气体的吸热管，两管之间抽成真空。这样，在吸热管周围形成了性能良好的真空绝热层，这和热水瓶胆的内外层之间保持真空的原理是一样的，都是为了防止热量散失出去。吸热管的材料可以是金属，也可以是玻璃，在它的外表面涂有选择性的吸热涂层。当阳光照在热管上，吸热管的涂层就能大量吸收光能，并将光能转变成热能，从而使吸热管内装的液体或气体的温度升高。

热管的特殊结构使它一方面通过吸热管外壁上的涂层尽可能吸收更多的阳光，并及时转变成热能；另一方面，在能量吸收和转换中最大限度地减少热量损失。也就是说，它用抽真空等办法堵死了热量散失的一切渠道。因此，在阳光很微弱的情况下，热管也能将阳光巧妙地集聚和保存起来，从而达到较高温度。

太阳能热管不仅集热性能好，而且拆装方便，使用寿命长，因而获得了人们的好评。它可以单个使用。如用在太阳能灶上，代替平板式集热器；也可根据需要，用串联或并联的方式将几十支热管装在一起使用。

热管在一天之内可以提供大量的工业用热水，又能一年四季不断地为它的主人供应所需要的热能。此外，热管还广泛用于海水淡化、采暖、空调制冷、烹调和太阳能发电等许多方面，是一种深受人们欢迎的太阳能器具。

太阳池发电

水平如镜的水池也能用来发电，这可能是许多人没有想到的。因此，利用水池收集太阳能发电，可以说是迄今为止将太阳辐射能转换为电能的最美妙的构想之一。

太阳池就是利用水池中的水吸收阳光，从而将太阳能收集和贮存起来。这种太阳能集热方法，与太阳能热水器的原理相似，但是，用太阳能热水器贮存大量的热能，需要另设蓄热槽，而太阳池的优越之处在于，水池本身就可充当贮存热能的蓄热槽。

一般的水池，当阳光照射时，池水就会发热，并引起水的对流，即热水上升，冷水下沉。当温度较高的水不断从底部上升到池面时，通过蒸发和反射将热能释放到空气中。这样，池中的水大体上保持着一定的温度，但无论天气多么热，经过的时间如何长，水温总达不到气温以上。为了提高池中的水温，人们想了许多办法，其中最引人注目的就是利用盐水蓄热。

这种提高水温的办法，是受到一种自然现象的启发而产生的。早在1902年，科学家们考察罗马尼亚一个浅水湖时发现，越是靠近湖底，水温就越高，即使在夏末时，水温有时可高达70℃。这种现象是如何产生的呢？

原来，湖底水温之所以高，是因为水中含有盐分，而且越是靠近湖底的水，其所含盐分的浓度就越大。通常，湖底处的热水会因密度变小而升到水面，从而形成对流。但是当水中的盐分浓度很高时，水的密度就会随之增大，这样热水就难以升到水面，从而打乱了水热升冷降的循环过程。由于湖水无法形成对流，热量便在湖底处蓄积起来，而湖面上较轻的一层水，就像锅盖一样将池底的热能严严实实地封住。结果，湖底的水温就会越来越高。

目前，世界上许多国家对太阳池发电很感兴趣，认为它提供了开发利用太阳能的新途径，而且这种发电方式比其他利用太阳能的方法优越。同太阳热发电、太阳光发电等应用太阳能的技术相比，太阳池发电的最突出优点是构造简单，生产成本低；它几乎不需要价格昂贵的不锈钢、玻璃和塑料一类的材料，只要一处浅水池和发电设备即可；另外它能将大量的热贮存起来，可以常年不断地利用阳光发电，即使在夜晚和冬季也照常可以利用。因此，有人说太阳池发电是所有太阳能应用中最为廉价和便于推广的一种技术。

美国对这项利用太阳能的新技术十分重视。一个由政府资助的科学家组织对全国进行了调查，以确定太阳池发电计划和建造发电站的地方。

人们在太阳池发电的推广使用中，对其可能出现的问题能够及时地予以研究解决。例如，起初人们估计铺在池底的薄膜会发生破裂，从而使盐水流出，污染水池下面的土壤；但是实践证明，薄膜的防渗漏性能很好，没有出现上述问题。对于太阳池发电所需要的大量盐，则可以利用太阳池的热能去带动海水淡化装置来解决。就当前的实际应用情况来看，太阳池在供热和发电方面还存在一些不足之处。但我们相信，随着科学技术的进步，在不久的将来，太阳池发电将作为一种廉价的电源得到普遍应用。

太阳能电池

要将太阳向外辐射的大量光能转变成电能，就需要采用能量转换装置。

太阳能电池板

太阳能电池实际上就是一种把光能变成电能的能量转换器，这种电池是利用"光生伏打效应"原理制成的，光生伏打效应是指当物体受到光照射时，物体内部就会产生电流或电动势的现象。

单个太阳能电池不能直接作为电源使用。实际应用中都是将几片或几十片单个的太阳能电池串联或并联起来，组成太阳能电池方阵，便可以获得相当大的电能。

太阳能电池的效率较低、成本较高，但与其他利用太阳能的方式相比，它具有可靠性好、使用寿命长、没有转动部件、使用维护方便等优点，所以能得到较广泛的应用。

太阳能电池最初是应用在空间技术中的，后来才扩大到其他许多领域。据统计，世界上90%的人造卫星和宇宙飞船都采用太阳能电池供电。美国已于近年研究开发出性能优异的太阳能电池，其地面光电转换率为35.6%，在宇宙空间为30.8%。澳大利亚用激光技术制造的太阳能电池，在不聚焦时转

换率达 24.2%，而且成本较低，与柴油发电相近。

在太阳能电池方阵中，通常还装有蓄电池，这是为了保证在夜晚或阴雨天时能连续供电的一种储能装置。当太阳光照射时，太阳能电池产生的电能不仅能满足当时的需要，而且还可提供一些电能储存于蓄电池内。

有了太阳能电池，就为人造卫星和宇宙飞船探测宇宙空间提供了方便、可靠的能源。1953 年，美国贝尔电话公司研制成了世界上第一个硅太阳能电池。而到 1958 年，美国就发射了第一颗由太阳能供电的"先锋 1"号卫星。现在，各式各样的卫星和空间飞行器上都安装了布满太阳能电池的铁翅膀，使它们能在太空里远航高飞。

卫星和飞船上的电子仪器和设备，需要使用大量的电能，但它们对电源的要求很苛刻：既要重量轻，使用寿命长，能连续不断地工作；又要能承受各种冲击、碰撞和振动的影响。而太阳能电池完全能满足这些要求，所以成为空间飞行器较理想的能源。通常，根据卫星电源的要求将太阳能电池在电池板上整齐地排列起来，组成太阳能电池方阵。当卫星背着太阳飞行时，蓄电池就放电，使卫星上的仪器保持连续工作。我国在 1958 年就开始了太阳能电池的研究工作，并于 1971 年将研制的太阳能电池用在我国发射的第 3 颗卫星上，这颗卫星在太空中正常运行了 8 年多。

太阳能电池还能代替燃油用于飞机。世界上第一架完全利用太阳能电池作动力的飞机"太阳挑战者"号已经试飞成功，共飞行了 4 个半小时，飞行高度达 4000 米，飞行速度为每小时 60 千米。在这架飞机的尾翼和水平翼表面上装置了16000 多个太阳能电池，其最大能量为 2.67 千瓦。它是将太阳能变成电能，驱动单叶螺旋桨旋转，使飞机在空中飞行的。

太阳能汽车

以太阳能电池为动力的小汽车，已经在墨西哥试制成功。这种汽车的外形像一辆三轮摩托车，在车顶上架了一个装有太阳能电池的大篷。在阳光照射下，太阳能电池供给汽车电能，使汽车以每小时 40 千米的速度向前行驶。由于这辆汽车每天所获得的电能只能驱动它行驶 40 分钟，所以在技术上还有待于进一步改进。

1984 年 9 月，我国也试制成功了太阳能汽车"太阳"号，这标志着我国太阳能电池的研制已经达到国际先进水平。此外，我国还将太阳能电池用于小型电台的通讯机充电上。当在野外工作无交流电源可用时，就可启用太阳能电池小电台充电器。这种充电器使用方便，操作简单，因而深受用户欢迎。

太阳能电池在电话中也得到了应用。有的国家在公路旁的每根电线杆的顶端，安装着一块太阳能电池板，将阳光变成电能，然后向蓄电池充电，以供应电话机连续用电。蓄电池充一次电后，可使用 26 个小时。

由于太阳能电话安装简单，成本较低，又能实现无人管理，还能防止雷击，所以很多国家都相继在山区和边远地带，特别是沙漠和缺少能源的地区，安装了许多以太阳能电池为电源的电话。

芬兰曾经制成一种用太阳能电池供电的彩色电视机。它是通过安装在房顶上的太阳能电池供电的，同时还将一部分电能储存在蓄电池里，供电视机连续工作使用。

太阳能电池很适合作为电视差转机的电源。电视差转机是一种既能接收来自主台的电视信号，又能将这种信号经过变频、放大再发射出去的电视转播装置。我国地域辽阔，许多远离电视发射台的边远地区收看不到电视节目，就需要安装电视差转机。电视差转机使用太阳能电池作电源，既建设快捷、投资节省，而且维护使用方便，还可以做到无人指导管理。目前，我国许多地方已建成用太阳能电池作电源的电视差转台，很受人们欢迎。

正是由于太阳能电池具有许多独特的优点，因而其应用十分广泛。从目前的情况来看，只要是太阳光能照射到的地方都可以使用，特别是一些能源缺少的孤岛、山区和沙漠地带，可以利用太阳能电池照明、空调制冷、抽水、淡化海水等，还可以用于灯塔、航标灯、铁路信号灯、杀灭宵虫的黑光灯、机场跑道识别灯、手术灯等照明，真可以说是一种处处可用的方便电源。

太阳能空间电力站

在太阳能利用中，发展前景最为诱人的要算在宇宙空间建立太阳能电力站的宏伟计划了。众所周知，太阳光经过大气层到达地球表面时，已经大大减弱；而到达地面的阳光，又有1/3被反射回空间。因此，在大气层以上接收的太阳能要比在地球上接收的多4倍以上。在这种情况下，人们就萌发了一个大胆的设想：要把太阳能发电站搬到宇宙空间中，以便得到更多的太阳能。而且这样还能避免地面太阳能电站接收太阳光时断时续的缺点。

要达到这一目的，就必须研制一种太阳能动力卫星，并把它发送到距地面3.5万多千米的高空，而且与地球在同步的轨道上（在这一轨道上，卫星绕地球飞行一圈的时间，正好与地球自转一周的时间相同），这样就可以用它把太阳能直接引到地球上。

在动力卫星上装有巨大的太阳能电池板，能把太阳能直接转换成电能，然后再将电能转换成微波束发回地面。地面接收站通过巨型天线，可将动力卫星送回地面的微波能重新转换成电能。

当然，就目前来说实现大型太阳能空间电力站计划还存在一定的技术难关。比如，一个发电能力为1000万瓦的空间电力站，它上面的太阳能电池板面积已达64平方千米；而把微波能发送到地面的列阵天线，其占用面积约达2平方千米。此外，巨大的动力卫星需要分成部件运送到太空进行组装；卫星安装后，还需要定期进行保养和检修，这就需要一种像航天飞机一样能往返于地球和太空的运输工具。

现在，担负运输任务的航天飞机已奔忙于太空和地球之间，随着航天技术的飞速发展以及太阳能利用水平的不断提高，科学家们满怀信心地预言，21世纪有可能通过航天飞机将第一个大型动力卫星送入轨道，为人类利用太阳能揭开新的篇章。

今后，人们可以利用空中的反射装置为北极地区漫长的极夜提供照明，从而节约大量电力，造福人类，并为人类利用太阳能在太空发电输送到地球，创造了条件。如果这个设想实现，太阳能势必将成为未来的主要能源，从根本上改变人类利用能源的状况。

未来时代将是太阳能大显身手的时代，在我国的现代化建设中，太阳能也将发挥越来越重要的作用。

知识点

硅太阳能电池

制作太阳能电池主要是以半导体材料为基础，其工作原理是利用半导体的光电效应，硅是一种半导体材料。硅太阳能电池就是以硅为基体材料的太阳能电池。按硅材料的结晶形态，硅太阳能电池可分为单晶硅太阳能电池、多晶硅太阳能电池和非晶硅太阳能电池。

对风能的研发和利用

在自然界，风是一种巨大的能源，它远远超过矿物能源所提供的能量总和，是一种取之不尽、尚未得到大量开发利用的能源。

风能是空气在流动过程中所产生的能量，而大气运动的能量来源于太阳辐射。由于地球表面各处受太阳辐射后散热的快慢不同，加之空气中水蒸气的含量不同，从而引起各处气压的差异，结果高气压地区空气便向低气压地区流动，从而形成了风。因此，风能是一种不断再生的、没有污染的清洁能源。太阳不断地向地球辐射能量，而到达地球的太阳辐射能中，约有20%被地球大气层所吸收，其中只有很小的一部分被转化为风能，它相当于10800亿吨煤所储藏的能量。据计算，风能量大约相当于目前地球上人类一年所消耗能量总和的100倍。

风能的大小和风速有关，风速越大，风所具有的能量就越大。通常，风速为8～10米/秒的5级风，可使小树摇摆，水面起波，吹到物体表面的力，每平方米面积上达10千克；风速20～24米/秒的9级风，可以使平房屋顶和烟囱受到破坏，吹到物体表面的力，每平方米面积上达50千克；风速为50～60米/秒的台风，对于每平方米物体表面的压力，高达200千克。整个大气中总风力的1/4在陆地上空，而近地面层每年可供利用的风能，约相当于500万亿千瓦时的电力。由此可见，风能之大是多么的惊人。

人类对于风能的利用是比较早的。早在公元前一两千年，我国就已开始使用风车。2000多年前，我国已有了利用风力的帆船。19 世纪末，人们开始研究风力发电，1891 年，丹麦建造了世界上第一座试验性的风能发电站。到了 20 世纪初，一些欧洲国家如荷兰、法国等，纷纷开展风能发电的研究。由于近年来还广泛开展了风能在海水淡化、航运、提水、供暖、制冷等方面的研究，使风能的利用范围得到了进一步的扩大。

风能的利用

现代化的风能利用主要是供发电。利用风能发电，尽管受风力大小变化的影响，但既没有辐射的潜在危险，又不会污染，因而，受到人们的青睐。

美国是世界上最大的风力发电生产国，其生产的风能电力约占世界的 85%。大部分风力公司集中在加利福尼亚州，共有 15000 台风力涡轮发电机，装机容量足以满足旧金山所有家庭、工厂、企业用电需要，每年生产的能最相当于 350 万桶石油。其中，最大的风力发电公司是设在利弗莫尔的美国风力公司，它管理着大约 4000 台风力涡轮机。

风能发电

欧洲也极为重视风力发电的研究，现在其投资约为美国的 10 倍。丹麦是世界上第二大风能生产国，1990 年其风轮机发电，占其电力总生产的 2%。日本从 1983 年起，分别在东京都的三宅岛和冲绳县冲永良部岛着手进行风力发电设施的研究，并已取得了一些基础数据。今后的课题是选定风力条件好的发电场所，揭示风力发电实用化的可能性。

我国地域辽阔，蕴藏着非常丰富的风能资源。据计算，全国风能资源总储量约为每年 16 亿千瓦，其中近期可开发利用的约为每年 1.6 亿千瓦。我国东南、华东、华北地区沿海及岛屿的平均风速为 6~7 米/秒，而这些地区又迫切需要电力；西北牧区，地势较高，风速较大，平均风速在 4 米/秒以上，但这一带地广人稀，居民点分散，燃料奇缺，也迫切需要电能；西南地区一些山区风口，风速大，风向稳定，有着发展风力发电的优越条件。因此，在我国因地制宜地开发利用风能，不仅可以扩大能源，而且有助于解决边远地区孤立用电户的需要，因而有着重要的现实意义。我国现在最大的风力发电站，是 1983 年建造在浙江泗礁岛上的 40 千瓦风力发电站，现已并网发电。由于内蒙古具有发展风力发电的优越条件，所以目前在这一地区已安装了风力发电机 1700 多台，装机总容量在 19 万多千瓦，基本上解决了牧民们用电的需要。

根据我国风能资源分布情况和当前的技术条件，近期开发利用风能的重点将放在内蒙古、东北、西北、西藏和东南沿海，以及岛屿、高山、风口等风能资源丰富的地区。在年平均风速超过 6 米/秒的地区，特别是电网很难达到的牧区、海岛和高山边远地区，开发利用风能资源更具有深远意义。

······▶▶ 知识点

风力发电的利用

风力发电就是把风的动能转变成机械动能，再把机械能转化为电力动能的过程。风力发电的原理（或者过程），是利用风力带动风车叶片旋转，再通过增速机将旋转的速度提升，来促使发电机发电。依据目前的风车技术，大约是每秒 3 米的微风速度，便可以开始发电。但从经济的角度出发，风速大于每秒 4 米才适宜于发电。风力发电的优点之一是不需要使用燃料，也不会产生辐射或空气污染。

对核能的研发和利用

核能俗称原子能，它是指原子核里的核子（中子或质子）重新分配和组合时释放出来的能量。

核能有巨大的威力，1 千克铀原子核全部裂变释放出的能量，约等于 2700 吨标准煤燃烧时所放出的化学能。一座 100 万千瓦的核电站，每年只需 25～30 吨低浓度铀核燃料，而相同功率的煤电站，每年则需要有 300 多万吨原煤，这些核燃料只需 10 辆卡车就能运到现场，而运输 300 多万吨煤炭，则需要 1000 列火车。核聚变反应释放的能量更可贵。有人做过生动的比喻：1 千克煤只能使一列火车开动 8 米，1 千克铀可使一列火车开动 4 万千米，

核聚变会发出大量能量

而 1 千克氘化锂和氘比锂的混合物，可使一列火车从地球开到月球，行程 40 万千米。地球上蕴藏着数量可观的铀、钍等核裂变资源，如果把它们的裂变能充分地利用起来，可满足人类上千年的能源需求。在汪洋大海里，蕴藏着 20 万亿吨氘，它们的聚变能可顶几万亿亿吨煤，可满足人类百亿年的能源需求。

核能是人类最终解决能源问题的希望。核能技术的开发，对现代社会会产生深远的影响。

核能的成就虽然首先被应用于军事目的，但其后就实现了核能的和平利用，其中最重要也是最主要的是通过核电站来发电。

核电站已跻身电力工业行列，是利用原子核裂变反应放出的核能来发电的装置，通过核反应堆实现核能与热能的转换。核反应堆的种类，按引起裂变的中子能量分为热中子反应堆和快中子反应堆。由于热中子更容易引起铀 235 的裂变，因此热中子反应堆比较容易控制，大量运行的就是这种热中子反

应堆。这种反应堆需用慢化剂，通过它的原子核与快中子弹性碰撞，将快中子慢化成热中子。

核能是能源的重要发展方向，特别在世界能源结构从石油为主向非油能源过渡的时期，核能、煤炭和节能被认为是解决能源危机的主要希望。

核电站有许多优点：1. 核能发电不像化石燃料发电那样

瑞士的核电站

排放巨量的污染物质到大气中，因此核能发电不会造成空气污染。2. 核能发电不会产生加重地球温室效应的二氧化碳。3. 核能发电所使用的铀燃料，除了发电外，没有其他的用途。4. 核燃料能量密度比起化石燃料高上几百万倍，故核能电厂所使用的燃料体积小，运输与储存都很方便，一座1000百万瓦的核能电厂一年只需30吨的铀燃料，一航次的飞机就可以完成运送。5. 核能发电的成本中，燃料费用所占的比例较低，核能发电的成本较不易受到国际经济情势影响，故发电成本较其他发电方法为稳定。

然而核电站的安全性是被质疑的。因为核电厂的反应器内有大量的放射性物质，如果在事故中释放到外界环境，会对生态及民众造成伤害。但如果用较小的量，并谨慎地加以控制，射线也可以为人类做许多事，如利用 γ 射线可以对机械设备进行探伤；可以使种子变异，培育出新的优良品种；还可以治疗肿瘤等疾病。

核能是未来能源的希望。据国际原子能机构的统计，1999年，全世界正在运转的核反应堆电站为436座，总发电能力为3.517亿千瓦，发电量约占世界一次能源构成的8%左右。这些核电站主要分布在美、法、日、英、俄等31个国家和地区。近几年，由于核电站运行的安全性、核废料的处理和核不扩散等因素的影响，核能的发展在欧洲、北美洲和独联体国家出现了下降趋势，但核能的发展在亚洲仍拥有强劲的势头。

为了促进核能的发展，许多国家在研究新一代快中子反应堆的同时，又加强了受控核聚变的研究，目前受控核聚变已在实验室取得阶段性的成果。

　　按照国际热核实验反应堆计划，参与各方应在 2013 年前共同建造一个热核反应堆，以证明和平利用热核能源的可能性。按计划，首个热核反应堆已于 2006 年开工，总造价 40 亿美元，这将是继国际空间站之后最大的国际科学合作项目。

　　核聚变的原料是氢、氘和氚，据估计，浩瀚的海水中大约含有 23.4 万亿吨氘，足够人类使用几十亿年。国际热核实验反应堆如能在未来 50 年内开发成功，将在很大程度上改变目前世界能源格局，使人类今后将拥有取之不尽、用之不竭的清洁能源。

···➡️ 知识点

裂变能

　　裂变能来自某些重核的裂变。但是如何使得重核发生分裂呢？自然界中某些质量数很大的原子核，如铀 – 238，无需外界作用，就有自发分裂的趋势，这种现象叫做自发裂变。重核自发裂变的概率是很小的，一千克铀 – 238 大约有 2.5×10^{25} 个原子核，这么多原子核中，每秒大概只有 7 个原子核自发裂变；除了自发裂变，更多的是重核在中子轰击下发生的裂变，称为诱发裂变。

▌▌ 对生物质能的研发和利用

　　生物质能是一种大有前景的环保新能源。根据我国经济社会发展需要和生物质能利用技术状况，重点发展生物质发电、沼气、生物质固体成型燃料和生物液体燃料。

　　预计到 2020 年，生物质发电总装机容量达到 3000 万千瓦，生物质固体成型燃料年利

长春生物质热电厂正在紧张施工

用量达到 5000 万吨，沼气年利用量达到 440 亿立方米，生物燃料乙醇年利用量达到 1000 万吨，生物柴油年利用量达到 200 万吨。

生物质发电

生物质发电包括农林生物质发电、垃圾发电和沼气发电，建设重点为：

1. 在粮食主产区建设以秸秆为燃料的生物质发电厂，或将已有燃煤小火电机组改造为燃用秸秆的生物质发电机组。在大中型农产品加工企业、部分林区和灌木集中分布区、木材加工厂，建设以稻壳、灌木林和木材加工剩余物为原料的生物质发电厂。在"十一五"前 3 年，建设农业生物质发电（主要以秸秆为燃料）和林业生物质发电示范项目各 20 万千瓦，到 2020 年达到 2400 万千瓦。在宜林荒山、荒地、沙地开展能源林建设，为农林生物质发电提供燃料。

2. 在规模化畜禽养殖场、工业有机废水处理和城市污水处理厂建设沼气工程，合理配套安装沼气发电设施。在"十一五"前 3 年，建设 100 个沼气工程及发电示范项目，总装机容量 5 万千瓦。到 2020 年，建成大型畜禽养殖场沼气工程 10000 座、工业有机废水沼气工程 6000 座，年产沼气约 140 亿立方米，沼气发电达到 300 万千瓦。

3. 在经济较发达、土地资源稀缺地区建设垃圾焚烧发电厂，重点地区为直辖市、省级城市、沿海城市、旅游风景名胜城市、主要江河和湖泊附近城市。积极推广垃圾卫生填埋技术，在大中型垃圾填埋场建设沼气回收和发电装置。

生物质固体成型燃料

生物质固体成型燃料是指通过专门设备将生物质压缩成型的燃料，储存、运输、使用方便，清洁环保，燃烧效率高，既可作为农村居民的炊事和取暖燃料，也可作为城市分散供热的燃料。生物质固体成型燃料的发展目标和建设重点为：

到 2020 年，使生物质固体成型燃料成为普遍使用的一种优质燃料。生物质固体成型燃料的生产包括两种方式：①分散方式，在广大农村地区采用分散的小型化加工方式，就近利用农作物秸秆，主要用于解决农民自身

用能需要，剩余量作为商品燃料出售；②集中方式，在有条件的地区，建设大型生物质固体成型燃料加工厂，实行规模化生产，为大工业用户或城乡居民提供生物质商品燃料。全国生物质固体成型燃料年利用量达到5000万吨。

生物质燃气

生物质燃气充分利用沼气和农林废弃物气化技术提高农村地区生活用能的燃气比例，并把生物质气化技术作为解决农村废弃物和工业有机废弃物环境治理的重要措施。

在农村地区主要推广户用沼气，特别是与农业生产结合的沼气技术；在中小城镇发展以大型畜禽养殖场沼气工程和工业废水沼气工程为气源的集中供气。到2020年，约8000万户（约3亿人）农村居民生活燃气主要使用沼气，年沼气利用量约300亿立方米。

对氢能的研发和利用

氢具有高挥发性、高能量，是能源载体和燃料，同时氢在工业生产中也有广泛应用。现在工业每年用氢量为5500亿立方米，氢气与其他物质一起用来制造氨水和化肥，同时也应用到汽油精炼工艺、玻璃磨光、黄金焊接、气象气球探测及食品工业中。液态氢可以作为火箭燃料，因为氢的液化温度在$-253℃$。

氢能在21世纪有可能在世界能源舞台上成为一种举足轻重的二次能源。它是一种极为优越的新能源，其主要优点有：燃烧热值高，每千克氢燃烧后的热量，约为汽油的3倍，酒精的3.9倍，焦炭的4.5倍。燃烧的

液化氢可以作为火箭燃料

产物是水，是世界上最干净的能源。资源丰富，氢气可以由水制取，而水是地球上最为丰富的资源，演绎了自然物质循环利用、持续发展的经典过程。

随着化石燃料耗量的日益增加，其储量日益减少，终有一天这些资源将要枯竭，这就迫切需要寻找一种不依赖化石燃料的、储量丰富的新的含能体能源。氢能正是一种在常规能源危机的出现、在开发新的二次能源的同时人们期待的新能源。

目前，氢能技术在美国、日本、欧盟等国家和地区已进入系统实施阶段。美国政府已明确提出氢计划，宣布今后 4 年政府将拨款 17 亿美元支持氢能开发。美国计划到 2040 年美国每天将减少使用 1100 万桶石油，这个数字正是现在美国每天的石油进口量。

氢燃料电池技术，一直被认为是利用氢能解决未来人类能源危机的终极方案。随着中国经济的快速发展，汽车工业已经成为中国的支柱产业之一。与此同时，汽车燃油消耗也达到 8000 万吨，约占中国石油总需求量的 1/4。在能源供应日益紧张的今天，发展新能源汽车已迫在眉睫。用氢能作为汽车的燃料无疑是最佳选择。

氢能汽车

虽然燃料电池发动机的关键技术基本已经被突破，但是还需要更进一步对燃料电池产业化技术进行改进、提升，使产业化技术成熟。这个阶段需要政府加大研发力度的投入，以保证中国在燃料电池发动机关键技术方面的水平和领先优势。这包括对掌握燃料电池关键技术的企业在资金、融资能力等方面予以支持。除此之外，国家还应加快对燃料电池关键原材料、零部件国产化、批量化生产的支持，不断整合燃料电池各方面优势，带动燃料电池产业链的延伸。同时政府还应给予相关的示范应用配套设施，并且支持对燃料电池相关产业链予以培育等，以加快燃料电池车示范运营相关的法规、标准的制定和加氢站等配套设施的建设，推动燃料电池汽车的载客示范运营。有政府的大力支持，氢能汽车一定能成为朝阳产业。

 知识点

氢燃料电池

氢燃料电池是使用氢这种化学元素制造成储存能量的电池。其基本原理是电解水的逆反应，把氢和氧分别供给阴极和阳极，氢通过阴极向外扩散和电解质发生反应后，放出电子通过外部的负载到达阳极，从而在外电路上产生电流。氢燃料电池主要的优点在于无污染，体积小，容量大。目前，氢燃料电池已经成功地应用于航天和发电汽车工业领域。

对地热能的研发和利用

地热能是地球热流从深处到地表流动而产生的能量。地热能可以用来发电、为建筑物供暖、加热道路。人们在很久以前就利用地热洗澡。1904 年意大利在拉特雷洛建立了世界第一座实验性的地热电站。1950 年意大利、美国、新西兰等开始进行大规模的地热发电。日本从 1925 年开始用地热蒸汽

巨大的地热能量

发电，1966 年以后共建立了 9 座地热发电站，目前发电能力已达 21.5 万千瓦。1983 年美国、西德、日本在美国新墨西哥州进行联合开发，成功地发现了一块规模宏大的存积层，获得了 3.5 万千瓦的热能。我国也在西藏羊八井兴建了 7000 千瓦地热发电站。

地热能非常洁净，储量丰富，且全天 24 小时都能获得，但其开发却需要

大量的前期投入。目前全世界的地热发电总量约是 8000 兆瓦，其中美国占了 2800 兆瓦，还不到全国发电总量的 0.5%。

对海洋能的研发和利用

海洋能是由海浪波涛压力、潮汐或海洋温差产生的能量。据估计，仅潮汐能，全世界可用来发电的就有 30 亿千瓦。1966 年法国首先在其北部兰斯地区建成了一座发电能力为 24 万千瓦的潮汐发电站，现在每年发电 5.4 亿度。1968 年，苏联也建成了一座发电能力为 40 万千瓦的潮汐发电站。据联合国估计，到 2020 年，世界潮汐发电量可达 600~900 亿千瓦时。

海洋里蕴藏着巨大的能量

全球海洋能的可再生量很大。据估计，海洋能理论上可再生的总量为 766 亿千瓦。其中温差能为 400 亿千瓦，盐差能为 300 亿千瓦，潮汐和波浪能各为 30 亿千瓦，海流能为 6 亿千瓦。但如上所述是难以实现把上述全部能量取出，设想只能利用较强的海流、潮汐和波浪，利用大降雨量地域的盐度差，而温差利用则受热机卡诺效率的限制。因此，估计技术上允许利用功率为 64 亿千瓦，其中盐差能 30 亿千瓦，温差能 20 亿千瓦，波浪能 10 亿千瓦，海流能 3 亿千瓦，潮汐能 1 亿千瓦。

在利用海洋温差发电方面，1980 年，日本、美国、英国、加拿大和爱尔兰合作研究表明，进行大规模发电是可能的。1981 年，美国、日本进行了较大规模的类似试验。总之，世界各国利用海洋能源的技术，除潮汐发电技术外，还处在关键性技术的开发和实验阶段。

潮汐能与潮汐发电

引潮力使得海水不断地涨潮、落潮。涨潮时，大量海水汹涌而来，具有很大的动能；同时，水位逐渐升高，动能转化为势能。落潮时，海水奔腾而归，水位陆续下降，势能又转化为动能。海水在运动时所具有的动能和势能统称为潮汐能。潮汐能的主要利用方式就是潮汐发电。潮汐发电就是在涨潮时将海水储存在水库内，然后，在落潮时放出海水，利用高、低潮位之间的落差，推动水轮机旋转，带动发电机发电。

对其他新能源的研发和利用

除了这些近几年已广为人知的新能源，还有一些环保能源尚在研究或推广当中。这些能源的研发为能源危机找到了更多的出路。

地球发电机

我们的地球是一个庞大的天然磁体，它的磁场却比较弱，总磁场强度不过 0.6 奥斯特。地球磁场的强度由奥斯特换算为伽玛，则是 6×10^4 伽玛。然而，地球却在不停地转动，它每 23 小时 56 分便自转 1 周，所具有的动能是一个很大的数值，为 2.58×10^{29} 焦耳。

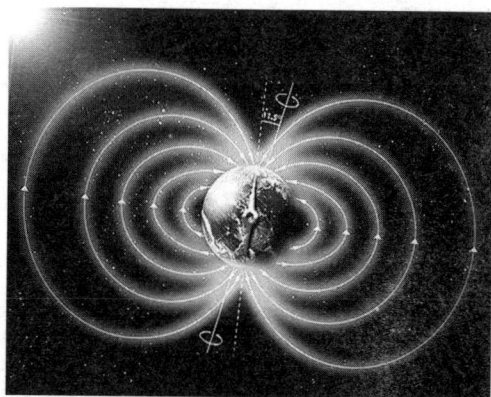

具有磁场的天体旋转时，由于单极感应作用，就会产生动势。如果我们把整个地球作为发电机的转子，以南、北两极为正极，以赤道为负极，理论上可以获得 10 万伏左右的电压。这便是人们把地球本身当做

地球是个天然磁体

一个巨大的发电机的一种设想。不过，如何把地球自转发出来的电引出来使用，还须有另外的方案或设想。

电磁感应定律告诉我们，导体在磁场中做切割磁力线的运动便会产生感应电流。由于地球本身具有磁性，所以，在地球及其周围存在着地磁场。地球上的河流和海洋也是导电体。随着地球的自转，它们自然而然地就相对于地磁场产生了切割磁力线的运动，那么，河流和海洋中就有地磁场的感生电流了。要知道，光海洋就覆盖着地球表面的71%呢！如果想办法把河流和海洋中的感生电流引出来，不就有巨大的电能供我们使用了吗？显然，这是利用地球发电机的一种方案。

雷电给地球充电

还有，地球本身又是一个巨大的蓄电池，它经常在雷雨中炫目的闪光中充电。雷雨云聚集和储存的大量负电荷，使云层下面的大地表面感应出正电荷。两种不同极性的电荷互相吸引，就驱使电子从云层奔向大地，形成闪电给地球充电。据估算，每秒钟约有100次闪电，电压可达1亿伏，电流可达16万安培，可以产生37.5亿千瓦的电能，比目前美国所有电厂的最大容量之和还多。但闪电持续时间很短，只有若干分之一秒。闪电中大约75%的能量作为热能耗散掉了，它使闪电通道内的空气温度达到15000℃。空气受热迅速膨胀，就像爆炸时的气体一样，产生震耳欲聋的雷声，在30千米以外都能听到。

1752年，伟大的富兰克林曾带着他的儿子在雷雨中用风筝捕捉闪电。他的不怕牺牲、勇于探索的精神实在可嘉，但是他的实验结果，除了导致避雷针的发明外，在利用闪电方面却影响不大。至今还没有人找到利用闪电能的有效途径。在地球表面产生的具有强大能量的闪电，能不能直接用来为人类造福呢？已转化为热能的75%的闪电能是否也可利用呢？有没有办法使闪电不把那么多的能量转化为热能，仍保持电能的状态为我们所用呢？能不能撤

开上述思路另辟蹊径？譬如，既然闪电已把能量传给了地球，我们能不能利用蓄电池，想办法把电能引出来使用呢？这些答案恐怕要由未来的科学家们给出了。

此外，极光又是"地球发电机"以另一种形式发出的"希望之光"，也是一种威力巨大的"天然发电站"。

阿拉斯加上空的绚丽极光

在地球的南、北两极，高阔的天幕上，竞相辉映着五彩缤纷的光弧。有的像探照灯的光芒在空中晃动，有的像彩带在空中飞舞，有的像帷幕随风飘拂，有的像成串的珍珠闪闪发光……光弧的颜色或红或绿，或蓝或紫，时明时暗，构成一幅瑰丽的景观。这就是极光。它是地球两极特有的自然现象，多出现在每年3月、4月、9月和10月4个月份。那么，极光是怎样发生的呢？

我们已经知道，太阳的内部和表面进行着剧烈的热核反应，不断地产生出强大的带电微粒流——电子流。这种电子流顺着地磁场的磁力线，来到地磁极附近，以光的速度向四面八方散射。其中一部分电子流射入大气层时，使大气中的气体分子和原子发生电离，产生出大量的带电离子，发出光和电来。极光爆发时，会产生强烈的磁暴和电离层扰动，使无线电通讯和电视广播等受到干扰破坏，使飞机、轮船上的磁罗盘失灵。

尽管如此，作为一种未来很有希望的新能源，它将给人类带来巨大的好处。有人推算过，极光发射出的电量高达1亿千瓦，相当于目前美国全年耗电量的100倍以上。有的科学家设想，将来在北极或南极地区，建造一座高达100千米的巨型塔架，用适当的方法把高空中极光的电能接收下来，供人们使用。

潜　能

天上星星亮晶晶，数也数不清。科学家们把这些星分成恒星、行星、卫星、彗星、流星等。

恒星本身发出光和热，我们的太阳就是恒星。由于过去人们认为恒星的位置是固定不动的，所以，把它们叫做恒星。实际上，恒星也在运动。许许多多的恒星组成一个集合体，就像动物世界中的动物群、密林里的植物群，科学家们把它们称为星系，比如银河系。我们知道，自然界的生物都有生有死，只是各种生物的寿命长短不一样。其实，自然界的物质都在不停地运动着，恒星也不例外，它们也有产生的过程，也有消亡的过程。

我们日常生活中，除了用煤气、液化气烧菜煮饭以外，还有许多家庭在使用煤炉，比如用煤做成煤饼或煤球放在炉内作为燃料燃烧，放出光和热。当煤燃烧完了，就不会产生光和热，而变成一堆煤灰了。恒星能发出光和热，也是因为它内部的燃料在燃烧。恒星内部的燃料不是煤，而是原子核，通过原子核的聚变反应，产生大量的光和热。当恒星内部的核燃料用完了，它的剩余物质被紧紧地挤在一起，压缩得非常紧密，连光都只能进，不能出，不能离开它们的表面。科学家把这种剩余物质叫做黑洞。恒星老了，衰退了，收缩成黑洞。黑洞有巨大的吸引力，如果宇宙飞船、航天飞机飞过黑洞，就会立刻消失。凡是在黑洞附

汽车动态潜能利用

过的物质都被它吸进去，消失得无影无踪。

黑洞似乎很可怕，可是，经过科学家们的研究，找到了一种开发和利用黑洞的能量的方法：把生产原子能的核反应堆放到黑洞里去。人们把核燃料发射到黑洞里，由黑洞内巨大的引力压缩核燃料，迫使其实现核聚变反应，释放巨大的能量，人造卫星电站接收能量反射到地面。科学家把这种能量称作潜能。

潜能的开发利用，是一项巨大的星际工程。为使这一工程成功，人类要付出惊人的代价。尽管科学家在地球上还没有实现这样的任务，但是，一旦

这项工程成功了，那就能源源不断地获得非常巨大的能量，而且是一本万利的。

可燃冰

地层中一种蕴藏量十分丰富的新能源，已引起各国科学家的关注。它是一种和水结合在一起的固定化合物，外形和冰相似，有的科学家称其为"可燃冰"。"可燃冰"在低温和高压的条件下呈稳定状态。当冰体融化后，它所释放出的气体体积相当于原来的100倍。

可燃冰

"可燃冰"是20世纪60年代后期在苏联境内的永冻区首先发现的。最近，人们又在危地马拉沿海区域，发现了一个储量相当可观的"可燃冰"矿。矿体埋于距海底250米深的地层中。

据科学家估计，"可燃冰"的蕴藏量比目前地球上煤、石油、天然气储量的总和还要多几百倍。苏联科学家甚至推测，地球上含有"可燃冰"的面积可能要占海洋面积的9%、陆地面积的25%。如果真是这样，"可燃冰"可是一种引人注目的新能源。

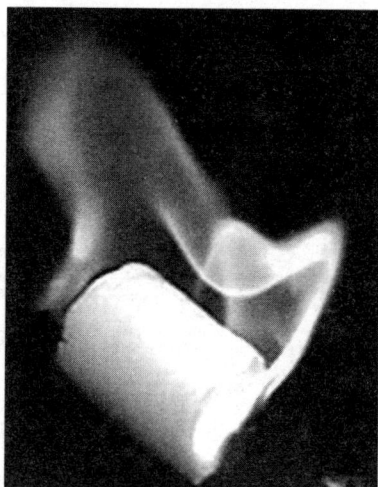

燃料电池

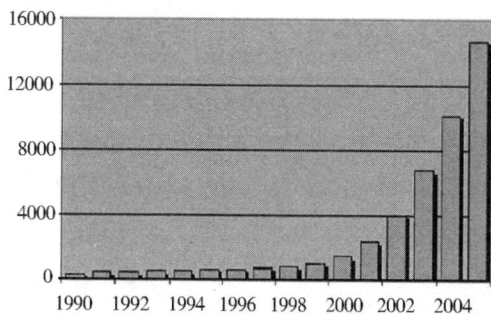

全球燃料电池应用系统的增长

燃料电池主要由燃料、氧化剂、电极、电解液组成。使用的燃料非常广泛，如氢、甲醇、液氨、烃等。燃料电池和一般电池类似，都是通过电极上的氧化还原反应使化学能转换成电能。但一般电池内部的反应物质消耗完后就不能继续供电，而燃料电池因为反应物质贮存在电池外，只要燃料和氧化剂不断输入电池，就能源源不断地发电。随着这项技术的改进，燃料电池有可能代替火力发电，形成强大的燃料电池发电网。

燃料电池是直接将化学能转变成电能的一种新型发电装置，它热损耗小，发电效率可达 40% ~ 60%，比火力发电高出 5% ~ 20%。此外，燃料电池除利用排热再发电外，还可以生产蒸汽或热水，因此它的综合效率可达 80% 左右，并可实现城市热电联供。

美国是世界上发展燃料电池最快的国家，目前至少有 23 台燃料电池机组在发电，总装机容量已达 11 兆瓦。美国开发燃料电池的重点是提高燃料利用率和降低燃料电池的生产费用及发电成本。最近，美能源部又研制成功一种陶瓷燃料电池，这种电池将液体或气体燃料放在 2 块波纹状陶瓷片里面，使燃料同氧化剂直接进行化学反应产生电流，因而可免除一般燃料电池所需的燃料箱。它同内燃机或其他燃料电池比较，释放的功率高 2 倍，发电效率达 55% ~ 60%。

最近，美国贝尔通讯研究公司开发出一种用燃料——煤气作电源的电池。这种电池又轻又薄，却能比普通电池产生更大的电力。该电池的设计是在 2 个作为电极的白金薄片中间，夹上一层厚度小于 5000 亿分之一米、由氧化铝薄片做的煤气渗透薄膜。能量产生的过程是电化学反应的过程，当电池将氢和氧转化为水时，就释放出电力。初步测试显示，它能用 1 千克的煤气产生 1000 瓦的电力。这种电池轻薄方便，充电也方便——只需更换煤气胶囊，它是电池开发研究的一个新产品。但是，这种电池目前的成本太高，还不能推广至商业用途。

铝

据专家估计，全世界的煤还可开采 200 年，天然气可开采 45 年，而石油只能开采 28 年。怎么办？科学家为解决能源问题苦苦探索着。经过长期潜心研究，找到了一种新型能源——铝，制成了以铝为燃料的电池"铝—空气电池"。这将使铝成为人类取之不尽的、用之不竭的能源。

"铝—空气电池"，说起来也简单，只是采用一个铝阳极和一个空气阴极，使铝在溶液态电解质中溶解。用过的铝可以回收再用。此外，这种新型的电

池还有着很多优点：①体积小，将它用作汽车动力，连同汽车驱动马达也只相当于汽车内燃机加油箱的大小，它所释放的能量是汽油的 4 倍；②用水省，用它作汽车动力，行驶 400 千米后才需要加水，因此它特别适宜于干旱地区使用；③使用方便，在使用过程中调换新的铝片电极，只需要几分钟；④没有废气废液，不会引起环境污染。

"铝—空气电池"的用途十分广泛，因此有着十分广阔的前景。它除了作为汽车动力外，世界各国已成功研制多种小功率"铝—空气电池"，应用于野营炊具、收音机、紧急照明灯、钻机、电焊机等小型设备上。美国海军科技人员研制的一种用于海上照明的"铝—空气电池"很是实用，只要把铝板浸到海水里，电池就会源源不断地为人们输送出廉价电能。挪威制造的功率为120 瓦的"铝—空气电池"已作为边远地区通信站的电源使用，有很高的实用价值和经济效益。

诚然，广泛应用"铝—空气电池"，目前还存在一些问题，主要是它的功率不大，科学家已研制生产的最大的"铝—空气电池"只有 500 瓦，因此成本很高。如可以驱动一辆汽车的"铝—空气电池"，它的价格要上百美元。但是人类智慧是无穷的，我们相信，不久的将来，它定能成为一种廉价的能源。到那时候，汽车、机器、炊具、照明等，以铝为燃料的日子就到来了。

与大自然"和谐"相处
YU DAZIRAN "HEXIE" XIANGCHU

　　人与自然的关系应该是和谐的，人不应该凌驾于自然之上，而应把自己当成自然的一部分，与自然和谐相处。尊重自然，遵循自然规律，善待我们生存的环境，这样才会获得可持续发展的机会。实际上，尊重自然，与自然和谐相处，可以从我们熟悉的衣食住行做起，穿低碳服装、环保饮食、环保出行，这就给环保出了一份力，给重塑一个绿色家园作了贡献。如果人人都能做到这一点，绿色家园就离我们越来越近了。直到有一天忽然发现，我们已经置身于这个美丽的绿色环保的家园了。

尊重自然，善待生物

　　地球生态系统是一个交融互涉、互相依存的系统。在整个自然界中，无论海洋、陆地和空中的动植物，乃至各种无机物，均为地球这一"整体生命"不可分割的部分。作为自组织系统，地球虽然有其遭受破坏后自我修复的能力，但它对外来破坏力的忍受终究是有极限的。对地球生态系统中任何部分的破坏一旦超出其忍受值，便会环环相扣，危及整个地球生态，并最终祸及包括人类在内的所有生命体的生存和发展。因此，在生态价值的保存中首要

的是必须维持它的稳定性、整合性和平衡性。

地球生态系统中的所有生命物种都参与了生态进化的过程，并且具有它们适合环境的优越性和追求自己生存的目的性；它们在生态价值方面是平等的。因此，人类应该平等地对待它们，尊重它们的自然生存权利。这方面，人类应该放弃自以为高于或优于其他生物而"鄙视"较"低"等生物的看法。相反，人类作为自然进化中最为晚出的成员，其优越性是建立在其具有道德与文化之上的。人类特有的这种道德与文化能力，不仅意味着人类是自然生态系统中迄今为止能力最强的生命形式，同时也是评价性能力发展得最好的生命形式。

从环境伦理来看，人类的伦理道德意识不只表现在爱同类，还表现在平等地对待众生万物和尊重它们的自然生命权利。史怀哲说："伦理存在于这样的观念里：我体验到必须身体力行地去尊重有生存意志的生命，就像尊重自己的生命一样。在这里面我已经有了道德所需的基本原则。保有、珍惜生命是善；摧毁、遏阻生命是恶。"

善待动物

平等对待众生万物，不意味着抹杀它们之间的差别，而是平等地考虑到所有生命体（所有生物都被考虑到了）的生态利益。由于每一种生命物种在自然进化阶梯中位置的不同，它们的要求与利益也不一样。在对待不同的生物物种时，我们可以而且应该采取区别对待原则，这时候，我们所考虑的是它们利益的不平等。比如说，饮食对于麋鹿和人都有利益，但学习识字对于麋鹿没有利益，对人却有。因此，我们给麋鹿提供食物，但不对它进行识字教育。所以说，区别性地对待不同生物不仅许可，而且在道德上是必需的。但这种区别性原则的运用，说到底是由于我们要平等地对待所有生命体这一根本原则所决定的。它要求我们不要从狭隘的人类利益的角度，而要从整个自然生态的角度来处理人类与其他生命体的关系。准确地说，我们应该平等地

与自然和谐相处

对待同等生物，而公正地对待不同等的生物。

在整个自然进化的系列中，只有人类最有资格和能力担负起保护地球自然生态及维持其持续进化的责任，因为人类是地球进化史上晚出的成员，处于整个自然进化的最高级，只有他对整个自然生态系统的这种整体性与稳定性具有理性的认识能力。罗尔斯顿谈到人类对维持地球自然生态的责任时说："生态系统里有，而且应该有整个系统的互相依赖性、稳定性与一致性。它们在自然界里的完成与道德无关——在自然界里，群落是被发现的，而不是被制造的。但是当人类——他们是道德主体——进入这现场成立他们的群落，并将他们在自然界里发现的东西重新加以建造时，他们可能并且应该为了自己的利益而捕获这种价值，但他们也有义务以纵观整体的视野来这样做。这种义务是显而易见的；人类应该尽可能地保存生物群落的丰富性。它是属于人类的义务。"

历史的发展证明，人类的活动可能与自然生态的平衡相适应，也可能会破坏自然的生态平衡。在自然生态系统中，由于人类与自然环境的关系是对立统一的，因此，即便是人类认识到要保育与爱护自然环境，但在历史实践过程中，亦会遇到人类自身利益与生态利益相冲突、人类价值与生态价值不一致的情形。为此，所谓顺应自然的生活，就是要从自然生态的角度出发，将人类的生存利益与生态利益的关系进行协调。

·····▶ 知识点

生态系统的组成

生态系统是指由生物群落与无机环境构成的统一整体，生物群落由无机

环境生物的生产者（绿色植物）、消费者（草食动物和肉食动物）以及分解者（腐生微生物）4部分组成。无机环境是生态系统的非生物组成部分，包含阳光以及其他所有构成生态系统的基础物质：水、无机盐、空气、有机质、岩石等。生态系统的范围可大可小，相互交错，最大的生态系统是生物圈；最为复杂的生态系统是热带雨林生态系统。

倡导低碳服装

衣食住行，衣为先，它是人的第一环境、第二皮肤，可是就是这层"皮"，从棉花种到地里开始，一直到挂在商场的橱窗里为止，有太多的机会受到污染。

服装的污染有两个来源：1. 服装原料在种植过程中，为控制病虫害会使用杀虫剂、化肥、除草剂等，这些有毒有害物质会残留在服装上，引起皮肤过敏、呼吸道疾病或其他中毒反应，甚至诱发癌症；2. 在加工制造过程中，会使用氧化剂、催化剂、阻燃剂、增白荧光剂等多种化学物质，这些有害物质残留在纺织品上，使服装再度蒙受污染，成衣的后期整形步骤还会用到含有甲醛的树脂，也会对服装造成污染。

服装的污染令人咋舌，如今，有益于身体健康而且污染较小的环保服装成了新的时尚。绿色服装又称为生态服装，它是以保护人类身体健康，使其免受伤害为目的，并有无毒、安全的优点，在使用和穿着时，给人以舒适、松弛、回归自然、消除疲劳、心情舒畅感觉的纺织品。

从专业上说，绿色服装必须包括3方面内容：1. 生产生态学，即生产上的环保；2. 用户生态学，即使用者环保，要求对用户不带来任何毒害；3. 处理生态学，是指织物或服装使用

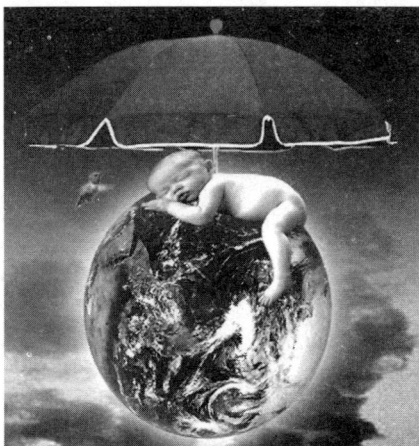

倡导低碳的宣传画

后的处理问题。

国际上已开发上市的"绿色纺织品"一般具有防臭、抗菌、消炎、抗紫外线、抗辐射、止痒、增湿等多种功能。这类产品在我国还属初创阶段，已经推出的主要以内衣为主，但由于这类纺织品具有特定有益人体健康的功能，因而较受消费者欢迎。

低碳服装

"低碳"是环保人士倡导的一种生活方式，如今，服装也在讲究"低碳"。低碳服装是一个宽泛的服装环保概念，泛指可以让我们每个人在消耗全部服装过程中产生的碳排放总量更低的方法，其中包括选用总碳排放量低的服装，选用可循环利用材料制成的服装，及增加服装利用率减小服装消耗总量的方法等。

一件衣服从原材料的生产到制作、运输、使用以及废弃后的处理，都在排放二氧化碳并对环境造成一定的影响。根据环境资源管理公司的计算，一条约400克重的涤纶裤，假设它在我国台湾生产原料，在印度尼西亚制作成衣，最后运到英国销售。预定其使用寿命为两年，共用50℃温水的洗衣机洗涤过92次；洗后用烘干机烘干，再平均花两分钟熨烫。这样算来，它"一生"所消耗的能量大约是200千瓦时，相当于排放47千克二氧化碳，是其自身重量的117倍。

相比之下，棉、麻等天然织物不像化纤那样由石油等原料人工合成，因此消耗的能源和产生的污染物要相对较少。据英国剑桥大学制造研究所的研究，一件250克重的纯棉T恤在其"一生"中大约排放7千克二氧化碳，是其自身重量的28倍。

在面料的选择上，大麻纤维制成的布料比棉布更环保。墨尔本大学的研究表明，大麻布料对生态的影响比棉布少50%。用竹纤维和亚麻做的布料也比棉布在生产过程中更节省水和农药。

随着人们环保意识的增强，天然的布料，如棉、麻、丝绸将成为各类时装最为热门的用料。它们不仅从款式和花色设计上体现环保意识，而且从面料到纽扣、拉链等附件也都采用无污染的天然原料；从原料生产到加工也完全从保护生态环境的角度出发，避免使用化学印染原料和树脂等破坏环境的

物质。“环保风”和现代人返璞归真的内心需求相结合，使生态服装正逐渐成为时装领域的新潮流。

再生衣料，即用旧成衣料经特殊处理后加工制成的衣料开始兴起，而合成纤维，尤其是动物皮革等将被人们视为破坏环境的产品而受到冷落，西欧许多人已拒绝穿裘皮大衣。

使用无磷洗衣粉

洗衣粉是我们在平常做家务劳动时，经常用到的一种洗涤剂。令人惊讶的是据调查研究表明，洗衣粉是造成河水污染的罪魁祸首。

在 1990 年、1994 年和 1995 年，由于太湖底泥中底氨、磷等营养物质的释放，曾发生严重污染事件：无锡梅园水厂一带的水质变劣产生恶臭，水厂停工、市民无水饮用，造成的损失多达数十亿元。昔日碧波荡漾的太湖水变得浑浊发黑、腥臭难闻，让人无法与记忆中所描绘的太湖美景联系到一起。

造成水质恶化的罪魁祸首是什么呢？说来不信！就是我们一直用的洗衣粉！目前，我国市场上的织物洗涤产品大多以聚磷酸盐为辅助剂，其含量大约在 30% ~40%，大量的含磷化合物随着生活污水排放城市下水管网络，最终进入江河湖海。

洗衣后的废水中含有大量的营养物质，这样一来就会引起水质恶化。水质磷含量过高，有损人类健康，磷中毒会引起昏迷、惊厥，甚至肝肾心变性致死，这是磷对水的第一次污染。更严重的还是磷对水的第二次污染：磷在水中过量存在造成水体的富营养化，使藻类植物疯长，其繁殖速度呈几何增长，然后在极短时间内死亡，藻类迅速繁殖到快速死亡的恶性循环大量消耗水中的氧气，使水体缺氧发臭，死亡藻类解体后产生较大毒性。对此自来水厂的常规处理技术根本无法应付，而且对渔业生产破坏性也极大。

因此，我们要警惕洗衣粉的危害。市面上众多品牌的洗衣粉品牌可分为两类：含磷产品和无磷产品。含磷的洗衣粉危害环境。据环保人士介绍，使用含磷洗衣粉所产生的生活水排入自然水域会造成水体高磷氧化，导致水草疯长，最终占据整个水域，使其他生物因缺氧而亡，水质也变得极差。相比之下，无磷洗衣粉对环境的危害要小得多。

为减少含磷水污染，社会应加强宣传有磷洗衣粉的危害，建议大众使用

清洁之水　生命之源

环保型洗衣粉。政府部门应该颁布禁止有磷洗衣粉生产、销售的法律法规。各洗衣粉生产厂家应大力开展高效、环保型洗衣粉研制开发，积极参与到这项利国利民的千秋伟业中来。

爱护环境，人人有责。保护环境是每个公民、每个企业的应尽义务，需要政府重视、企业出力、消费者参与。只要无磷产品的质量提升上去，价格降下来，去污力效果好，无磷产品就能更多、更快、更好地走进大众生活。

人类只有一个地球，爱护家园，人人有责，让我们每个一人，从现在做起，从自己做起，一起倡导和使用无磷洗衣粉。

知识点

荧光增白剂

荧光增白剂也称为白色燃料，是一种荧光染料，也是一种复杂的有机化合物。它的特性是能激发入射光线产生荧光，使所染物质获得类似萤石的闪闪发光的效应，使肉眼看到的物质很白，达到增白的效果。在服装制造业中，常常采用荧光增白剂来提高产品在日光下的白度，如果不超过一定标准，没有什么害处，但如果过多过量地接触，就会对人体造成伤害。

倡导环保饮食

净化厨房

有人说，炒菜油不出烟，菜不香。于是大火热油，菜一入锅，满室油烟。

那么，油烟的成分究竟是些什么呢？

烹调油烟是在烹饪过程中，食用油和食物在高温条件下，发生一系列化学变化产生的大量热氧化分解产物。分析家庭厨房煎炸食物的油烟样品，检测出220多种化学物质，其中主要是醛、酮、烃、脂肪酸、醇、内脂、杂环化合物等等。在烹调油烟中还发现挥发性亚硝胺等已知突变致癌物，特别是油煎、炸、烤等烹调方法会形成相当多的致突变物质。

在烧烤肉食中，常常含有多种强致癌物质。研究表明，如果肉类受到高温熏烤，一些蛋白质将转变为致癌物质。如牛肉、羊肉等肉类蛋白质中的色氨酸在烤焦后，就可以形成一氨甲基衍生物，这是一种强致癌物质，其致癌作用超过强致癌物——黄曲霉素。

油烟被人体吸入以后，可能会造成呼吸道黏膜损伤，引起人体免疫功能的改变。案例资料显示，烹调油烟与肺癌有一定的联系，如果能够控制烹调油烟，则有可能使肺癌的发病率减少51.56%。而且，在致肺癌的诸因素中，烹调油烟是仅次于"深度吸烟"烟雾的危险因素。因此有人认为，如果能够戒烟和减少烹调油烟的危害，那么就有可能使肺癌发病率减少85%。

那么，怎样减少烹调油烟和其他有害物质对人体的伤害呢？这并不是一件很难办到的事。只要我们重视这个问题，做到以下几点，目标是能够实现的。

我们需要认识烹调油烟有害成分的毒性，少吃煎炸熏烤的食品；改善厨房的通风条件，确保油烟迅速排出，净化厨房空气；切忌炒菜不刷锅，因为，炒菜时有一些蛋白质和脂肪类食物焦化，产生一定数量的苯并芘；提倡使用产生烹调油烟少的优质豆油和花生油；忌食多次炸过食物的剩油；变质或存放时间过长的食用油，它们容易产生较多的油烟，应该尽量避免或减少食用；切实保证厨房的清洁卫生。显然，这些简单的办法能够减少我们对烹调油烟等有害物质的摄入。

环保饮食

首先，许多生态和环境保护主义者都极力提倡少吃肉或不吃肉。以肉食为主的欧美国家每年每人平均吃肉100千克，谷物产量的60%用做饲料，喂养畜禽。少吃肉减少了畜禽的喂养量和谷物的消耗量，间接起到保护环境的

吸油烟 2 小时好比抽香烟 2 包

作用。西欧一些国家，特别是德国已把豆腐、豆制品、粟类煮的稀饭称为"环境食物"，流行"多吃豆腐、豆制品，少吃肉"，甚至绝对素食的浪潮。

再次要少吃高铅食品。普通松花蛋、爆米花以及金属罐装饮料和食品，都可能是高铅食品。据研究发现，食用金属罐装饮料和食品的儿童，血铅水平高。因为空腹时肠道对铅的吸收率会成倍增加，而油腻食物又可以促进肠道对铅的吸收，所以我们应该定时进食，少吃过分油腻的食品。

还要切记烹饪不可用早晨第一段自来水，因这段水在水管中停留时间很长，水管上的重金属含量较高。每天早晨，应该先将自来水打开 1～5 分钟，然后再取饮用水。此外，还要经常清洗水壶里的水垢，避免水垢加重饮用水的污染。

最后，我们应该多吃些富含钙、铁、锌的食物。在肠道里，钙、铁、锌和铅的吸收是通过同一运载蛋白进行的，就像许多人挤上同一辆小车一样，大家互相竞争，钙、铁和锌的吸收增加了，铅的吸收相对就会减少。在我们的膳食中，保证有适量的钙、铁和锌，就可以减少铅害。豆制品、乳制品和动物骨骼含钙丰富；肉类和蛋类含铁丰富；肉类和海产品含锌丰富。所以，我们不能偏食，需要自觉地克服偏食的毛病，让自己的食物尽量丰富多彩。

重新掀起的素食浪潮

合理饮水

水是一种营养素，是一切生命必需的物质，没有任何生物，没有水能够生存。适合人类饮用的水是无污染、清洁的淡水。

不合格饮用水对人体健康造成的慢性损害也是不容低估的。联合国卫生署最近提供的一项资料表明：饮用水中的氧化物、氯化物以及汞、铅等重金属化合物可对肾脏和中枢神经造成影响，并可能致癌；钙、镁氧化物、氧化锌、氧化铝、三氧化二砷及胶质可影响肝、肾及神经系统；氧化铁超标还可能引起尿毒症及代谢失调。

近些年来，由于自来水的水质在下降。特别是我国北方地区的自来水硬度特别高，高硬度的自来水水垢多，口味不好。这就促使居民选用纯净水。如今，人们饮用纯净水越来越普遍。

那么，什么是纯净水呢？纯净水是利用纯水机除去水中杂质而制成的水。纯水机将天然水经过电渗析、离子交换、超级过滤、臭氧杀菌、氧处理，制成纯净水。纯水机除去具有一般的净水器除掉病菌的功能以外，最大的好处是能够去除水中的重金属矿物质，也就是能够去除溶于水中的各种物质。净水机能够去除对人体有害的重金属，如汞、镉、铬等，其去除效果能够达到90%～99%。这就意味着它有可能将有害重金属去除干净。在饮用水硬度高的地区的人们应该适当饮用纯净水。但是，水中原来含有的对人体有益的元素也同时被清除殆尽了。这些有益的元素包括人体必需的微量元素钙、硒、镁、钾、铁和锌等等。由此可见，纯净水在制作过程中，一方面去除了对人体有害的病菌、有机物和某些有毒的元素；另一方面，也除去了对人体健康有益的微量元素和人体必需的矿物质。

我们知道，人类并不是超自然的特殊生物。人类的健康与饮水和食物密切相关。人类摄取水和食物中的营养物质，维持生命与健康。这些营养物质包括钙、钾、钠，也包括一些微量元素锌、镁等等。饮水是人体从自然环境摄取钾、钙、镁等元素的重要途径。

然而，纯净水对人体不利的地方还不止于此，还有一个不可忽视的方面是，当水中各种可溶性物质被除去之后，水内的"空间"就被腾出来了，水越纯净，分子之间的"空间"也就越大，所以，纯净水便成为一种溶解能力极强的溶剂。作为溶剂的水，其特殊结构使水分子周围形成很强的力量，能够吸引其他分子。当固体或其他物质与水接触时，就会产生该物质全部或部分溶解的现象。

由于这个特点，人们在长期喝纯净水的过程中，它不但不能给人体补充必需的矿物质和微量元素，反而会从人体中带走一定的微量元素，造成人体微量元素和矿物质的流失，尤其孕妇、婴幼儿和老年人，更容易引起营养不良。

人体的健康是由许多营养物质支持的。这些物质包括氧、氢、氮、钙、磷、钠和钾等等。它们在人体内的含量必须保持一定的数值。它们不仅构成人体的各种细胞、组织和器官，而且还有许多特殊的生物化学功能。有些微量元素如锌、硒和氟，在人体中虽然数量很少，但是它们是维生素、激素和酶系统中不可缺少的成分，担负着特定的生物化学功能。而饮水是人体从自然环境中摄取钾、钙和镁等无机元素的重要途径。例如，钾就是细胞内的主要阳离子，它对维持细胞的正常结构和功能起着重要的作用。缺钾能引起心肌坏死！

再说钙，钙也是人体中不可缺少的一种元素。骨骼中的主要成分是钙。血液中也含有一定的钙离子。如果没有这些钙离子，皮肤划破了，血液就不容易凝固。钙还能抑制铅、镉等有害元素的吸收。婴儿在生长发育过程中，骨骼不断长大，需要充足的钙。人体钙过少时，心肌软弱无力，收缩不全，而骨骼兴奋性增强，引起肌肉收缩症、佝偻病和骨质软化。

据统计，我国有1/3的儿童缺锌。儿童缺锌会引起智力低下，学习能力下降。怀孕的母亲缺锌，可以引起胎儿先天畸形。缺锌也会影响人的脑、心、胰、甲状腺的正常发育。国外的研究证明，人体缺锌会引起许多病症，如侏儒症、糖尿病、高血压、生殖器官和第二性征发育不全、男性不育等等。当然，人体摄入过量的锌也有不利影响。

人体缺硒，可以引起心脏病、高血压、克山病等等。硒还有降低胃癌、肠癌、肝癌发病率的作用。缺镁可能造成心肌和骨骼肌的局部坏死与炎症。在饮用水中缺乏镁的地区，癌症的发病率往往比较高。

所以，饮用纯净水有利也有弊。纯净水去除重金属污染，对人体健康是有好处的，但是，纯净水也除去了人体必需的微量元素，会造成人体营养失

衡。尤其是婴幼儿和青少年，正处在智力发育阶段，又好活动，消耗无机盐和矿物质又多，经常喝纯净水，会给我们的健康带来不利的影响。

所以，有关专家认为，纯净水少量饮用是可以的，但不宜作日常生活饮水；饮用水水质较好的城市，人们完全可以放心地饮用自来水。

饮用矿泉水早已成为世人的爱好。矿泉水是指水中含有矿物质、对人体健康有益的天然矿泉水。矿泉水作为瓶装饮料已有较长的历史。因为天然水污染加重，促使人们选用矿泉水。而优质的矿泉水，的确能够使婴幼儿健康，对中、老年人也能起到防病健身的作用。

饮水关系到人体健康

世界矿泉水饮料以欧洲共同体产量最大。其中法国一直处于领先地位，它的矿泉水产量约占共同体总产量的45%。法国维希矿泉水历史悠久。这种矿泉水具有调节体液酸碱平衡、帮助消化、促进肝功能康复、促进胰岛功能的作用。法国人还配以不同的处方和处理这种矿泉水的方法，强化它的医疗作用，使它对肝炎、胆道病、肠胃病、关节炎、过敏症以及儿童的多种疾病有一定的疗效。当然维希矿泉水也是老年人的滋补辅助饮料。

我国矿泉水资源丰富。据统计，目前已有1600多种矿泉水水质分析资料。我国饮用天然矿泉水中含有的微量元素种类比较多，其中含锌的矿泉水有68处，主要分布在四川、广东、福建等省。锌、硒、碳酸水在自然界的分布是比较少的，但是在我国分布就比较广。这些都是比较珍贵的饮用矿泉水。含适量锌的天然矿泉水，被誉为生命智慧之水，更是一种珍贵的天然优质矿泉水。

但是矿泉水也有好有坏，不同的矿泉水对不同的人群的作用也有所差异。由于不同的矿泉水所含微量元素各有差异，所以饮用矿泉水需要因人而异。

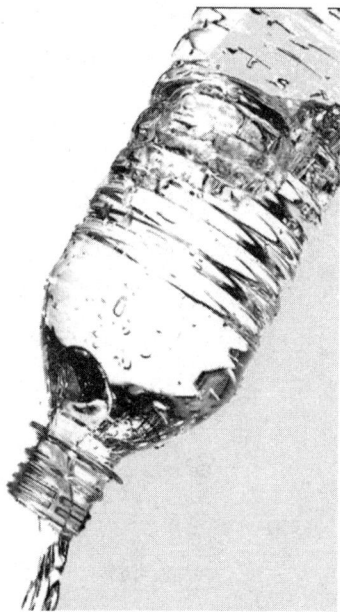

矿泉水含有人体必需的元素，但是，人体对这些元素的需要量是有限的和有选择的。如果你的体内并不缺乏某些矿物质、微量元素，饮用矿泉水过量，不仅对健康无益而且有害。如人体摄入过量的钙、铁、钠、锌等都会引起多种疾病，而且微量元素之间还存在相互干扰的作用，如摄入的锌和铜的比例不当，很可能致使血清胆固醇增加，促使动脉粥样硬化。

现代医学研究表明，含硫酸镁的矿泉水，对便秘患者有益，但对腹泻患者却有害；含硫化氢的矿泉水对治疗气管炎、祛痰有一定的作用，但对光线过敏性皮肤病和腹泻者，就会适得其反；含氯化钠和碳酸氢钠的矿泉水，高血压、心脏病、肾脏病患者不宜饮用，钠具有促进体内蓄积水分的作用，因此有水肿、腹水症状的严重肾炎和肥胖病等病人，不宜饮用含钠高的矿泉水；高血压、心血管系统病患者及肾功能差的人，应选用含低钠、低矿化度含锶、偏硅酸的矿泉水。

因此，专家告诫：矿泉水不是养生饮品，也不是防病治病的"万能仙水"，必须根据自己的体质状况或在医生指导下，有针对性地选择适于自己饮用的矿泉水，只有这样才能真正促进健康。

总之，人类是自然环境哺育的生物。人类的健康取决于从饮水和食物中摄取营养。水是自然环境中最活跃的物质。饮水是人体从自然环境中摄取无机矿物质和微量元素的重要途径。科学地饮用清洁而又富有营养的水，才能维护健康，才是钟爱生命。

营造绿色环保的家居环境

居住环境影响着人的生活与身体健康，营造一个绿色、环保的家居环境对我们很有益处。随着建筑标准的不断提高，房屋的墙体保温、玻璃窗的保温密封性都较以前有了很大提高。这样可以使供热的暖气和制冷的空调所输出的能量得到最好的利用，从而大幅节约能源，利于环保。所以在选择购房时尽量选择质量较好的房屋是一件劳永逸的事。另外在选择家用电器时尽量购买贴有低能耗标识的产品。

在装修房屋时尽量选择符合国家环保质量标准的装潢材料。在装修期间

和装修后加强屋内的通风，还可以用光触媒类、活性炭类、化学生物类等产品来吸收装修期间的有害气体。

家庭装修

据《光明日报》报道，2000 年八九月间，河南省人民医院儿科门诊接诊了一二十个 10 岁左右的孩子。

在诊治过程中，医生了解到，这些孩子本来健康活泼，但在搬进新家以后，都得了一种怪病，症状是咳嗽、哮喘、胸闷。经心电图检查，发现这些孩子心脏有明显的缺血改变，因而确诊为心肌炎。

这些孩子既无心脏病史，体内也无可以诱发心肌炎的细菌或病毒，为什么会患心肌炎呢？最后医院的专家们终于查出了致病的"元凶"，就是家庭装修材料中的挥发性有毒气体。经过治疗，这些孩子中绝大多数已恢复健康。

像这样由于家庭装修材料含有挥发性有毒气体而致病、甚至致死的中毒性事件时有发生，这同我们缺乏环境安全意识有关。针对这种情况，专家提醒我们，家庭装修要注意考虑材料的安全性，不要"引狼入室"，损害家人，特别是孩子的健康。

家庭装修要考虑安全性

每一个家庭都希望有舒适、温馨的家居环境，为此都精心地规划和装修自己的居室。然而，如果忽视了建材的质量，让有害的建材进入居室，那么就有可能置身于无形的"毒气"中，各种可怕的疾病有可能悄悄地逼近。

研究表明，因为装修居室，有害建材带来的有毒气体污染物可能引起严重恶果。这些气体污染物主要有 5 种：氡、甲醛、苯、酯和三氯乙烯。其中氡的危害性最大，它主要来自碳化砖、水泥、砖头、石膏板、花岗岩等装饰材料。氡通过呼吸道进入肺部，引起肺癌等多种疾病；甲醛主要来自保温材

料、地板胶、塑料贴面等，也是一种重要的致癌物质；苯主要来自合成纤维、塑料、橡胶等，它可以抑制人体的造血功能，使白细胞和血小板减少；酯和三氯乙烯主要来自油漆、干洗剂、黏合剂等，可以引起结膜炎、咽喉炎等疾病。

如果我们的家正在打算装修居室，为了减少室内氡气的污染，首先应该考虑的是选择健康装饰建材。健康装饰建材是指对环境没有污染、对人体没有害处，并且符合人类生活需要的装饰材料。最新生产的主要有 2 种类型：无害化装饰材料和具有保健功能的装饰材料。

所谓无害化装饰材料是指对环境和人体健康都不会产生危害的装饰材料，如木材、竹材、纸纤和棉布等等。它们不含有害的化学物质，符合回归大自然的要求，看上去既高雅又朴实。人造环保建材也应该是无害化的。它是以更好的装潢建材代替天然建材。新兴的环保建材在使用感觉和使用功能上比天然建材更胜一筹。

至于保健型的装饰材料不仅无害，而且具有保健功能，如一种常温远红外线陶瓷，可以吸收外部的热量，并将它转变为 8～12 微米的远红外线，能够有效地促进人体的血液循环，帮助人体消除疲劳；再如一种防辐射涂料，既可以阻挡有害的氡衰变辐射，又能够对其他射线起到阻挡作用，可以保护人体健康。

负离子粉被称为"环境第一助手"。科学研究表明，负离子粉对人体保持精力充沛以及对人类居住环境的改善有积极的帮助作用。负离子粉可有效消除室内异味和各种有害气体，如在室内装修过程中使用的装潢材料挥发出来的苯、甲醛、酮、氨等刺激性气体以及日常生活中剩菜酸臭味，香烟等对人体有害的异味，并调节人们神经系统的兴奋和抑制状态，改善大脑皮层功能。使其保持良好的精神状态。

不过，最简单的提高室内空气质量的办法还是保持室内空气流通，降低有毒物质的浓度，即使是在有空调器的房间也要经常开门窗换空气，不断补充新鲜空气。居室装修完毕以后，最好在 3 个星期后再迁入。

我们还需要注意的是防止自己污染室内空气。首先避免使用有毒有害的化学物质；其次是不吸烟。现在市场上出售的许多建材还达不到绿色建材的标准，特别是一些涂料、油漆、黏合剂等室内装修使用的材料，大多会散发出一定量的有机化合物气体，引起人们慢性中毒。据上海卫生防疫站检测，

目前市场上供应的进口和国产墙纸、涂料、黏合剂等大多含有有毒物质，如甲醛、苯、甲苯、氯乙烯、氯乙烃等等。这些装修材料会不断释放有毒有害气体，特别是一些水包油涂料，释放有害气体时间长达一年。

另一种情况是使用日用化学溶剂。有人在冬天紧闭门户，依靠喷洒空气清新剂改善居室气味。这时，就有可能受到日用化学溶剂的气味蛊惑和伤害。人体吸入带有某种馨香气息的挥发性溶剂以后，它们很快被吸收，并侵入神经系统，使人产生"镇静"感。

据药物依赖专家分析，这种药的药效与中枢神经镇静剂相近，当嗅闻者体验到某种感受后，会产生精神依赖。成瘾者选择自己喜欢的溶剂，强制性地每日重复吸入，结果是引起慢性中毒，像汽油中添加的铅、苯都能够引起神经炎、神经中枢或外周神经瘫痪，还能导致贫血、肌无力等症状；乙烷类的挥发性溶剂，如圆珠笔油和油漆清除剂中的，是再生障碍性贫血、消化不良、血尿、肝肿大的"元凶"。

空调器的使用与健康

夏季暑热难熬。居室中有了空调器，创造出清凉的休息环境，可以静心读书，聆听音乐，香甜地安睡了。可是，空调器使用不当也会给居室带来污染。

有这样一个事例让人无法忘记。1976 年 7 月，美国退伍军人协会召开年会的时候，突然爆发了流行性肺炎，参加会议的 4000 多人中有 221 人患上这种疾病，其中 34 人死亡。第二年，从死者的身体组织中分离出致病菌，1978年被正式命名为"亲肺军团杆菌"，当时爆发的肺炎被称为"军团病"。这种杆菌是从哪儿来的？为什么会有这么多的人同时被感染？"侦破"工作在严密的调查和推理中进行。"肇事者"终于被发现，它竟然是空调器。这是因为这种病菌主要是通过空气传播的。当这种菌污染了生活用水，经过空调冷却塔蒸发出的雾气进入空气，或者经过淋浴器的喷头形成雾气进入空气，被人们吸入，就有可能致病。尽管这是一个非常极端的事例，但是，世界卫生组织仍然警告说，随着摩天大楼式的建筑和空调设备的普遍应用，增加了某些疾病的传播机会，这些疾病种类多达几十种，必须引起高度的关注。

此外，空调器使用不当还有可能引起一些不良反应。夏季使用空调器降低室内温度，如果室内外温差太大，就会使人体产生不良反应，如感冒、疲劳感、头疼、腹疼、神经疼，使风湿病和心脏疾患加重等等。

不良建筑物综合征是常见的一种不良反应。建筑材料、室内装饰材料、家具等一般都可能散发出某些污染物，人体本身散发出来的生物气体以及家用电器包括复印机、计算机等都会产生有害气体。虽然这些污染物的浓度通常都大大低于有关标准，但是在这些因素长期低浓度的综合作用下，就可能诱发不良建筑物综合征。

这时空调器使用不当，则会加重或加快室内空气质量恶化。人们为了省电密闭门窗，新鲜空气进不来，室内二氧化碳浓度增加，人在缺氧的环境下，会产生疲乏、心悸、气短和记忆力减退等现象。

研究人员对在空调环境下作业的脑血流图进行了观察分析。结果表明，长时间在空调环境下有可能对人体脑血管颈内动脉系统产生不良影响，引起作业人员脑血流图异常增多，其异常率大约是50%，且以小于30岁的人为主。

脑血流图异常意味着长时间在空调环境中，会引起脑血管扩展，供血量增多。这与在空调环境中紧闭门窗有直接关系，因为这时通风不好，新风量不足，造成室内二氧化碳浓度比非空调环境室内的浓度高。二氧化碳对脑血管有选择性扩张作用，主要是颅内血管的扩张。因此，正确使用空调器应该注意通风，引入室外新鲜空气。

一些发达国家规定："对空调房间的送风至少应保证15%是室外新鲜空气，不允许室内空气反复循环使用。"我国的关于采暖通风与空气调节设计规范中规定，空调房间应该保证"每人每小时得到30立方米的新鲜空气"。这些规定是根据人类健康和生存的基本需要制定的，已经成为国内外科学界和工程界的共识。

现在，空调器的质量不断得到改进，有的空调器增加了换气装置，被称为"保鲜空调"；有的增加了负氧离子发生器，有助于改进室内空气的质量。因此，购买空调器要选择高品质的。

有的空调器带有空气净化的装置，用过滤网、分子筛、静电集尘等方法过滤和吸附尘埃，然后经过活性炭过滤器去除氮、硫化物和室内的各种异味。

但是，这一切并不能使封闭的空间补充氧气，排出废气，而且净化装置使用一段时间以后，效率会降低，需要经常维护、更换部件。因此，"空气净化"不能代替补充新鲜空气，家庭使用空调时应该注意通风，引入室外新鲜空气。

绿化家居环境

我国有关部门的专家认为，绿色家居应该具备的一个基本特征是，居住环境的绿化，要做到春有花、夏有阴、冬有绿、秋有果，落叶乔木、常青灌木、常绿草皮高低参差，这已不是过去那种简单的种树种草了。对长期居住在四周光秃秃的城市高楼里的人来说，这样的家居环境确实令人向往。

随着我国经济的持续增长，城市建设迅猛发展，一座座由钢筋铁骨和水泥砌成的高楼林立，形成壮观的现代城市的景象。

但是，绿色消失了，春天沉寂了，难以听到莺歌燕语了。失去了绿色就会失去生命，生命渴望绿色。

城市需要生态补偿，绿地发挥着至关重要的作用，常被称为城市的"肺"，其功能主要表现在吸热降温、吸收二氧化碳、释放氧气、滞尘减噪、增加土壤渗透、净化水质、吸收二氧化硫等化学毒物、满足人的休憩的需要。它既可以美化环境，又能够减轻城市环境污染的程度加强我国城市绿化，是营造绿色家居的重要条件。完成这个使命刻不容缓。

目前，北京人均绿地面积不足 6.5 平方米。这是难以与世界上一些发达国家相比的。如华盛顿人均绿地面积为 45.7 平方米；莫斯科为 20 平方米；堪培拉为 70.5 平方米。值得一提的是波兰首都华沙人均占有绿地为 78 平方米，成为世界各国首都中人均绿地面积最大的城市。

研究表明，绿色植物能够在阳光下进行光合作用，吸收空气中的二氧化碳，释放氧气。一个成年人每天约吸收 0.75 千克的氧气，呼出 1 千克二氧化碳。而 10000 平方米绿地生长期内每天可消耗 10 吨二氧化

城市绿化有助于营造清新的空气

碳，产生 0.73 吨氧气。因此，要想使城市空气中的氧气与二氧化碳保持平衡，每个城市居民则需要 40 平方米质量很高的绿地才行。

印度加尔各答农业大学的德斯教授曾对一株树的生态价值进行估算：一株生长50年的树产生氧气的总价值是3.12万美元；吸收有毒气体防止大气污染的价值是6.25万美元；防止土壤侵蚀，增加肥力可创价值3100美元；涵养水源的价值为3.75万美元。所有这些都有利于生态平衡，直接与间接地有利于人类健康。

绿化城市就是创造我们的生存环境。在城市合理地密植树木，广铺草坪，可以降低风速，防止尘土飞扬，而且有的树叶上长满细小的绒毛，有的树叶还能够分泌黏性叶汁或油脂，可以滞留或吸附尘埃。研究人员测定，绿化好的街道比没有绿化的街道空气中的含尘量要低56.7%。

绿化还可以调节气温。当北风凛冽的寒冬来临的时候，林木能够吸收阳光播撒下的热量，夜晚释放出来，可以使林木附近的气温提高2℃~3℃。当炎热的盛夏到来的时候，茂密的树叶又可以遮阳吸热，同时蒸发出水分，增加湿度，降低气温。在夏天，城镇里绿化好的地方比绿化差的地方温度可能低3℃~5℃，相对湿度高10%~20%。

绿化还可以减少空气中的有毒物质。在大城市中，大气里常常含有硫化物、氟化物、氨气、汞蒸气、铝蒸气、含铅的粉尘以及苯、醛等有害气体，严重影响人们的身体健康，而许多林木具有吸收有毒气体的能力。洋槐能够吸收空气中的氟化氢，加拿大杨和械树能够吸收空气中的醛、醇酮以及过滤放射性物质。所以，林木被誉为"空气过滤器"。

绿化还可以减少空气中的细菌。有的绿色植物还能分泌出杀菌素，如地榆根的分泌物在一分钟内能够杀灭伤寒、副伤寒、痢疾杆菌等多种病毒和细菌。松树、香樟、黄连木也能分泌出杀死病菌病毒的芳香物。几乎所有这些芳香植物分泌的芳香物质弥散四处，都有利于空气净化，保护环境。城市的公共场所每立方米空气中可能含有5万个细菌，可是，在公园里含菌可能不足4000个，而在植物园中，仅有1000个。

绿化还可以阻挡和吸收噪音。树木的枝叶粗糙不平可以起到吸音的作用。阔叶乔木的树冠能够吸收26%的声波。一个40米的林带可以吸收10~15分贝的噪音。绿化的街道比没有绿化的街道少8~10分贝的噪音。林木是城市良好的"消音器"。

绿化还可以吸收二氧化碳，制造氧气。绿色植物能够通过光合作用，吸

收水分和二氧化碳，合成有机物，同时释放出氧气。这个过程对于维持大气环境中的氧平衡和碳循环具有重大意义。在大城市和工业区人口密集，加上矿物燃料大量燃烧，以致二氧化碳浓度过大而氧气浓度降低，而增加城市林木的覆盖率和绿地面积，就能够大大改善大气的质量，增进人们的健康。

从人的大脑生理学角度看，鲜艳的自然景色和自然环境，能够有效刺激右脑，产生创造性思维。这样的环境也有利于大脑的充分休息，因为绿色环境可以为人们提供恬静和安宁的感受，愉悦人的心情。此外，绿色生态环境还能使人体皮肤温度降低1℃~2.2℃，脉搏每分钟减少4~8次；血液流动变缓，呼吸均匀。

城市绿化的重要意义要求城市建设的规划者们意识到不应只图眼前短暂的经济利益，令高楼密集、道路纵横，可牺牲了维持生命健康的城市绿地。绿色是生命的颜色，爱护绿色就是创造良好的生存环境，保护每一个人的身体健康。人们应该从小养成爱护绿色的习惯，积极参加植树活动，爱护每一棵绿色的幼苗，营造我们绿色的家园。

绿色家居除了需要创造周边环境的绿色以外，还需要用花草点缀、美化我们的居室。科学家经过研究发现，绿色植物可以吸收现代住宅空气中的污染物，净化室内空气。吊兰、金绿萝、芦荟等可以吸收甲醛，红鹳花能吸收二甲苯、甲苯和氨（存在于化纤、油漆中），常春藤、耳蕨、菊花、铁树等能分解甲醛、二甲苯等有害物质。前面说到家庭装修所造成的污染，可以通过

吊兰有"绿色净化器"之美称

室内绿色植物加以清除，这是长久之计。试想，当我们推门进入自己的家的时候，扑面而来的是春兰的幽香，当我们辛勤伏案劳累终日的时候，抬眼欣赏的是案头盆景里的亭亭玉立的水仙，顿时会心旷神怡，愁云尽去，疲惫尽消。让绿色的家成为我们甜美、愉悦、温馨、舒适的源泉吧。充满生命活力的绿色植物，给人以清新、优美、雅致、恬静的感受。用它们点缀我们的居

室，就仿佛将我们带回纯美的大自然。在客厅里，可以摆上几株月季、杜鹃、春兰，配以吊兰、天竺葵、常春藤，而龟背竹、棕竹和橡皮树还可以增加接近热带的情趣。在书房里，应当创造出一种淡雅、恬静的气氛，那就让珠兰、绿萝和文竹点缀它。卧室要安逸和舒适，有些花卉不宜放在卧室，否则会引起不适，甚至带来各种疾病。梳妆台上可以放一盆文竹或水仙，镜框上可以用绿萝、常春藤装饰。

厨房中油烟废气危害健康，可摆放几盆绿色植物吸附废气，可以选放对环境质量要求不高的仙人掌、蟹爪兰和箭荷花之类。而不同的植物还可以吸附居室内的不同的污染物，起到净化空气的作用。盆花、盆景、水景和插花都可以使我们获得小中见大、咫尺千里、移天缩地的自然景观再现，或春花或秋月，或夏荷或冬雪。使用绘画手段创造壁画，更能够再现花鸟鱼虫、云天水色，增加室内的艺术气氛。利用现代高保真音响技术还可以模拟鸟语虫鸣、泉淙海涛，享受天籁之美。

家庭装饰种类多样，有助于个人的品位和性格的表达。家庭装饰有绘画、雕塑、书法、家具以及特殊建筑构件的处理等多种表现手段。浪漫的灯饰和和谐的卧具是创造温馨家庭环境的重要手段。灯具雅致的造型、鲜丽的色彩、柔和的光线，将为居室平添不少浪漫。我们可以根据自己的艺术爱好、审美情趣、科学文化素养水平去创造生活，以充分体现自己的品味和性格，达到愉悦自己和家庭成员的最高境界。美化居室应该是我们生活的一个重要部分。

···▶▶▶ 知识点

大气的碳循环

通常情况下，生物圈中的碳循环是指大气中的二氧化碳被绿色植物吸收后，通过光合作用转变成有机物质，然后通过生物呼吸作用和细菌分解作用又从有机物质转换为二氧化碳而进入大气的过程。植物通过光合作用从大气中吸收碳（主要是二氧化碳）的速率，与通过动植物的呼吸和微生物的分解作用将碳（主要是二氧化碳）释放到大气中的速率大体相等，因此，大气中二氧化碳的含量在受到人类活动干扰以前是相当稳定的。